EL FUTURO DEL TRANSPORTE

VEHÍCULOS AUTÓNOMOS Y MOVILIDAD SOSTENIBLE

DAVID SANDUA

El futuro del transporte: Vehículos autónomos y movilidad sostenible.
© David Sandua 2023
Ebook & Paperback Publication Edition

"Creo que los vehículos autónomos cambiarán fundamentalmente la forma en que vivimos y nos movemos. Será un hito en la historia de la tecnología".

Elon Musk (CEO de SpaceX y Tesla).

ÍNDICE

INTRODUCCIÓN 9

    DEFINICIÓN DE VEHÍCULO AUTÓNOMO Y MOVILIDAD SOSTENIBLE 11
    IMPACTO DE LA TECNOLOGÍA EN LA MOVILIDAD 13
    TESIS 15

II. VEHÍCULOS AUTÓNOMOS 17

    DEFINICIÓN E HISTORIA DE LOS VEHÍCULOS AUTÓNOMOS................................ 19
    CÓMO FUNCIONAN LOS VEHÍCULOS AUTÓNOMOS.. 23
    VENTAJAS E INCONVENIENTES DE LOS VEHÍCULOS AUTÓNOMOS........................ 27

III. MOVILIDAD SOSTENIBLE..31

    DEFINICIÓN DE MOVILIDAD SOSTENIBLE 33
    EJEMPLOS DE SOLUCIONES DE MOVILIDAD SOSTENIBLE................................... 35
    VENTAJAS Y DESVENTAJAS DE LA MOVILIDAD SOSTENIBLE............................... 39

IV. VEHÍCULOS ELÉCTRICOS..45

    DEFINICIÓN E HISTORIA DE LOS VEHÍCULOS ELÉCTRICOS................................ 49
    CÓMO FUNCIONAN LOS VEHÍCULOS ELÉCTRICOS... 51
    VENTAJAS Y DESVENTAJAS DE LOS VEHÍCULOS ELÉCTRICOS............................. 53

V. BENEFICIOS DE LOS VEHÍCULOS AUTÓNOMOS Y DE LA MOVILIDAD SOSTENIBLE 61

    BENEFICIOS ECONÓMICOS.. 63
    BENEFICIOS MEDIOAMBIENTALES 65
    PRESTACIONES SOCIALES 69

VI. RETOS DE LOS VEHÍCULOS AUTÓNOMOS Y LA MOVILIDAD SOSTENIBLE 75

    RETOS TÉCNICOS... 79
    RETOS POLÍTICOS 81
    RETOS SOCIALES... 85

VII. IMPLICACIONES PARA LA SOCIEDAD...91

    CAMBIOS EN EL EMPLEO Y LA ECONOMÍA 95
    CAMBIOS EN LA PLANIFICACIÓN URBANA Y EN LAS INFRAESTRUCTURAS.................... 99
    CAMBIOS EN LOS HÁBITOS DE TRANSPORTE.. 101

VIII. IMPLICACIONES PARA EL MEDIO AMBIENTE..107

    REDUCCIÓN DE LAS EMISIONES DE GASES DE EFECTO INVERNADERO 111
    DISMINUCIÓN DE LA CONTAMINACIÓN ATMOSFÉRICA 113
    IMPACTO SOBRE LOS RECURSOS NATURALES... 115

IX. EL PAPEL DEL GOBIERNO 121

    APLICACIÓN DE POLÍTICAS PARA LOS VEHÍCULOS AUTÓNOMOS Y LA MOVILIDAD
    SOSTENIBLE 125
    FINANCIACIÓN DE LA INVESTIGACIÓN Y EL DESARROLLO................................. 127

COLABORACIÓN CON EL SECTOR PRIVADO 129

X. EL PAPEL DE LA INDUSTRIA **133**

INNOVACIONES EN VEHÍCULOS AUTÓNOMOS Y MOVILIDAD SOSTENIBLE 137
INVERSIÓN EN INVESTIGACIÓN Y DESARROLLO 141
CAPACIDAD DE RESPUESTA A LAS POLÍTICAS GUBERNAMENTALES 143

XI. CONSIDERACIONES ÉTICAS **147**

PROBLEMAS DE SEGURIDAD DE LOS VEHÍCULOS AUTÓNOMOS 151
RESPONSABILIDAD POR ACCIDENTES 155
IMPACTO EN LAS POBLACIONES VULNERABLES 157

XII. TASAS DE ACEPTACIÓN **161**

LA ACEPTACIÓN DE LOS VEHÍCULOS AUTÓNOMOS Y LA MOVILIDAD SOSTENIBLE POR PARTE
DE LOS CONSUMIDORES 163
ÍNDICE DE ACEPTACIÓN POR PARTE DE GOBIERNOS Y EMPRESAS 165
FACTORES QUE INFLUYEN EN LAS TASAS DE ACEPTACIÓN 169

XIII. PERSPECTIVA INTERNACIONAL **177**

COMPARACIÓN DE LA EVOLUCIÓN DE LOS VEHÍCULOS AUTÓNOMOS Y LA MOVILIDAD
SOSTENIBLE EN LOS DISTINTOS PAÍSES 179
DIFERENCIAS EN LAS POLÍTICAS GUBERNAMENTALES Y EN LA PARTICIPACIÓN DE LA
INDUSTRIA 181
POTENCIAL DE LOS AVANCES TECNOLÓGICOS PARA BENEFICIAR A LOS PAÍSES EN
DESARROLLO 185

XIV. PERSPECTIVAS DE FUTURO **191**

PREDICCIONES PARA LA ACEPTACIÓN GENERALIZADA DE VEHÍCULOS AUTÓNOMOS Y
MOVILIDAD SOSTENIBLE 193
EL PAPEL DE LA TECNOLOGÍA EN LA CONFIGURACIÓN DEL FUTURO DE LA MOVILIDAD 197
RETOS Y OPORTUNIDADES PARA EL FUTURO 199

XV. CONCLUSIÓN **205**

RESUMEN DE LOS PUNTOS PRINCIPALES 207
LA IMPORTANCIA DE LOS VEHÍCULOS AUTÓNOMOS Y LA MOVILIDAD SOSTENIBLE 209
LLAMADA A LA ACCIÓN PARA SEGUIR INNOVANDO Y COLABORANDO 213

BIBLIOGRAFÍA **217**

INTRODUCCIÓN

El transporte siempre ha sido un aspecto importante de la sociedad moderna. Ha sido la columna vertebral de muchas economías y ha contribuido en gran medida al crecimiento económico mundial. El transporte también ha traído consigo algunas externalidades negativas, como la congestión del tráfico, la contaminación atmosférica y la degradación del medio ambiente. Esto ha llevado a la búsqueda de soluciones para la movilidad sostenible, y esta búsqueda ha dado lugar a la aparición de los vehículos autónomos y los vehículos eléctricos. Estas tecnologías representan una nueva era en el sector del transporte, donde la movilidad no sólo es más sostenible, sino también más eficiente y segura. Este ensayo explora cómo estas tecnologías están transformando la movilidad, sus implicaciones para nuestra sociedad y el planeta.

DEFINICIÓN DE VEHÍCULO AUTÓNOMO Y MOVILIDAD SOSTENIBLE

Los vehículos autónomos son coches que se conducen solos y que funcionan sin intervención humana, basándose en software y sensores para circular por las carreteras y el tráfico. La era de los vehículos autónomos avanza rápidamente, y el concepto es ya una realidad, con varios fabricantes de automóviles que han desarrollado prototipos de coches totalmente autónomos. Los coches autónomos pretenden aumentar la seguridad, reducir la congestión del tráfico y mejorar la movilidad de todos los usuarios de la carretera. La principal ventaja de los vehículos autónomos es su potencial para hacer más eficiente todo el sistema de transporte, reduciendo el número de coches en la carretera y limitando su impacto medioambiental. La movilidad sostenible entra en juego como consecuencia de su importante potencial para reducir las emisiones de carbono. La movilidad sostenible se refiere a la circulación de personas y mercancías que satisface las necesidades de los usuarios actuales del transporte sin comprometer la capacidad de las generaciones futuras para satisfacer sus necesidades de transporte. La movilidad sostenible pretende reducir la congestión del tráfico, las emisiones de gases de efecto invernadero y mejorar el acceso dentro de una ciudad. El avance de los vehículos autónomos presenta una oportunidad esencial para la movilidad sostenible. Los vehículos autónomos pueden programarse para circular a velocidades y rutas óptimas, reduciendo el consumo de combustible y las emisiones. Los vehículos autónomos eléctricos tienen el potencial de reducir la dependencia de los combustibles no renovables y crear un sistema de transporte más sostenible y libre de carbono. Los vehículos autónomos tienen el potencial de promover un futuro de soluciones de movilidad compartidas, conectadas e inclusivas que den prioridad a la sostenibilidad y la eficiencia, al tiempo que atienden a las necesidades de comunidades diversas.

IMPACTO DE LA TECNOLOGÍA EN LA MOVILIDAD

La tecnología ha revolucionado la industria del transporte, cambiando la forma en que las personas se desplazan e interactúan con su entorno. Entre los avances más significativos en movilidad está la proliferación de vehículos autónomos. Los coches autónomos, también llamados coches que se conducen solos, utilizan sofisticados sensores, cámaras y tecnología para circular por carreteras y autopistas sin intervención humana. Estos vehículos tienen el potencial de reducir el número de accidentes causados por errores del conductor, eliminar la necesidad de vehículos personales y liberar tiempo que actualmente se dedica a conducir. Pueden mejorar la eficiencia del transporte y reducir la congestión de las carreteras. Aunque los vehículos autónomos están aún en las primeras fases de desarrollo, su impacto potencial en la movilidad es innegablemente transformador. Otro avance tecnológico en la movilidad es el cambio hacia los vehículos eléctricos (VE). A diferencia de los coches tradicionales, que funcionan con motores de combustión interna que contaminan el medio ambiente, los VE funcionan con motores eléctricos que no producen emisiones. Este cambio hacia vehículos más limpios se alinea con los esfuerzos mundiales para combatir el cambio climático, reducir la contaminación atmosférica y mejorar la salud pública. Con los avances en la tecnología de las baterías y la infraestructura de recarga, los VE son cada vez más prácticos y asequibles, lo que los convierte en una alternativa cada vez más atractiva a los vehículos tradicionales.

Además de los coches autónomos y los vehículos eléctricos, hay otras tecnologías que están transformando la movilidad y la forma de viajar. Por ejemplo, los servicios de transporte compartido como Uber y Lyft están revolucionando el transporte urbano al ofrecer alternativas de transporte cómodas, asequibles y flexibles. Al permitir a la gente compartir eficazmente los coches y reducir la necesidad de vehículos personales, los servicios de transporte compartido están reduciendo la congestión del tráfico y las emisiones de gases de efecto invernadero. Del mismo modo, los patinetes eléctricos y las bicicletas se están convirtiendo en opciones de transporte populares en muchas ciudades, proporcionando a la gente alternativas asequibles y respetuosas con el medio ambiente a los coches. El impacto de la tecnología en la movilidad tiene el potencial de transformar la forma en que las personas se mueven e interactúan con su entorno, al tiempo que aborda algunos de los retos medioambientales y sociales más acuciantes del mundo. A medida que estas tecnologías siguen evolucionando y avanzando, es crucial que los responsables políticos, los líderes de la industria y los ciudadanos trabajen juntos para garantizar que estos avances apoyan una movilidad sostenible e integradora.

TESIS

El futuro del transporte está cambiando rápidamente, y uno de los mayores avances tecnológicos es el desarrollo de vehículos autónomos. Estos vehículos tienen el potencial de revolucionar la forma en que viajamos, haciendo que el transporte sea más eficiente, seguro y asequible. Esta tecnología conlleva problemas éticos y legales que deben abordarse, como la responsabilidad por los accidentes y la privacidad de los datos de los usuarios. La aceptación de vehículos autónomos puede tener implicaciones significativas para nuestro medio ambiente y nuestra sociedad. A medida que se generalicen, estos vehículos pueden reducir las emisiones, disminuir la congestión del tráfico e incluso permitir la movilidad de personas que antes carecían de acceso al transporte. Sin embargo, aún quedan retos por superar, como la producción y eliminación de las baterías de los vehículos eléctricos. Es fundamental considerar las ventajas y los inconvenientes de los vehículos autónomos, al tiempo que se explora cómo pueden integrarse en un modelo de movilidad sostenible que promueva la equidad y el cuidado del medio ambiente. El futuro del transporte no sólo tiene que ver con la tecnología punta, sino también con la responsabilidad social y medioambiental. Tanto los vehículos autónomos como los eléctricos son elementos clave en el futuro de la movilidad sostenible, y la tecnología que los sustenta sigue avanzando a un ritmo vertiginoso. A medida que los vehículos autónomos se hagan más comunes en las carreteras, prometen provocar una reducción significativa de los accidentes causados por errores humanos, así como una reducción de la congestión del tráfico y de las emisiones. Esta tecnología también tiene el potencial de revolucionar el transporte para quienes no pueden conducir por edad o discapacidad, ofreciendo mayor independencia y movilidad. Mientras tanto, el uso creciente de vehículos eléctricos promete reducir nuestra dependencia de los combustibles fósiles, disminuyendo la contaminación y las emisiones de gases de efecto invernadero. Aún quedan retos por superar para que los vehículos eléctricos se adopten de forma generalizada, como la necesidad de más estaciones de recarga y baterías más baratas y eficientes. Debemos considerar las implicaciones más amplias de estos avances tecnológicos en nuestra sociedad y nuestro planeta. Por ejemplo, la aceptación generalizada de vehículos autónomos podría provocar la pérdida de puestos de trabajo en el sector del transporte, mientras que la extracción de los minerales raros utilizados en las baterías de los vehículos eléctricos puede tener importantes repercusiones medioambientales. Como ocurre con cualquier gran avance tecnológico, es importante que abordemos estos cambios con cautela y tengamos en cuenta todas las posibles consecuencias. No obstante, la promesa de un futuro en el que el transporte sea a la vez más seguro y más sostenible es apasionante, y está claro que la tecnología desempeñará un papel crucial para hacerlo realidad.

II. VEHÍCULOS AUTÓNOMOS

Los coches autónomos, también conocidos como coches que se conducen solos, son vehículos que pueden circular por carreteras y autopistas sin intervención humana. Utilizan una combinación de sensores, cámaras e inteligencia artificial para percibir su entorno y tomar decisiones basadas en esa información. Los niveles de autonomía van del nivel uno (asistencia al conductor) al nivel cinco (autonomía total). Los beneficios potenciales de los coches autónomos son numerosos. Los coches autónomos podrían reducir las muertes por accidentes causados por errores humanos, reducir la congestión del tráfico y eliminar la necesidad de que los conductores se centren en la carretera, dándoles más tiempo para trabajar, descansar o entretenerse. Como los coches autónomos pueden comunicarse entre sí y con la infraestructura, se les puede indicar que tomen la ruta más eficiente y sostenible para llegar a su destino, lo que reduciría el consumo de combustible y las emisiones. También hay preocupaciones asociadas a los coches autónomos que deben abordarse. Uno de los principales es la seguridad de la tecnología. Los piratas informáticos podrían hacerse con el control de un coche autónomo, lo que tendría consecuencias desastrosas. Además, los coches autónomos podrían desplazar millones de puestos de trabajo en el sector del transporte, y también podrían plantearse cuestiones éticas sobre la toma de decisiones del coche en caso de accidente. A pesar de estos posibles inconvenientes, los coches autónomos han demostrado ser muy prometedores para reducir las muertes en accidentes de tráfico y aumentar la movilidad de todas las personas. Mientras seguimos avanzando hacia un mundo más digitalizado y automatizado, es importante garantizar que la tecnología utilizada en los coches autónomos sea segura y ética.

DEFINICIÓN E HISTORIA DE LOS VEHÍCULOS AUTÓNOMOS

Los vehículos autónomos, también conocidos como coches autoconducidos o coches sin conductor, son vehículos que pueden funcionar de forma autónoma sin intervención humana. Estos vehículos utilizan diversos sensores, cámaras y tecnologías de inteligencia artificial (IA) para percibir su entorno y navegar sin ayuda humana. El concepto de vehículo autónomo se remonta a principios del siglo XX, cuando inventores e investigadores empezaron a experimentar con tecnologías de conducción autónoma. No fue hasta la década de 1980 cuando debutaron los primeros vehículos autónomos, con el desarrollo del proyecto Navlab de la Universidad Carnegie Mellon. Desde entonces, se han producido avances significativos en la tecnología de los vehículos autónomos gracias a la rápida evolución del aprendizaje automático y la IA, lo que ha propiciado la aparición de lo que hoy conocemos como vehículos autónomos. En los años 90, la DARPA (Agencia de Proyectos de Investigación Avanzada de Defensa) lanzó una serie de retos de vehículos autónomos, que allanaron el camino para avances significativos en el campo de los coches autoconducidos. El primero de estos retos tuvo lugar en 2004, y desde entonces se ha producido un crecimiento significativo en el desarrollo de vehículos autónomos. Grandes empresas como Tesla, Waymo y Uber han seguido invirtiendo mucho en este campo y, como resultado, la tecnología sigue mejorando a un ritmo rápido.

En la actualidad, los vehículos autónomos están todavía en fase de desarrollo, pero ya se están probando en carreteras públicas de varias partes del mundo. Estas pruebas no han estado exentas de polémica y desafíos. A muchas personas les preocupa la seguridad de los vehículos autónomos, pues temen que puedan funcionar mal o causar accidentes. También preocupa hasta qué punto sustituirán a los trabajadores humanos en sectores como el transporte, la logística e incluso la hostelería. Existen retos relacionados con los marcos normativos, los dilemas éticos y la ciberseguridad. A pesar de estas preocupaciones, las ventajas de los vehículos autónomos son enormes. Una de las ventajas más significativas es el potencial para reducir los accidentes en la carretera. Alrededor de 1,35 millones de personas mueren cada año en accidentes de tráfico en todo el mundo, y la mayoría de estos accidentes se atribuyen a errores humanos. Los vehículos autónomos podrían minimizar esos accidentes al eliminar el factor humano de la ecuación. Los vehículos autónomos podrían revolucionar la movilidad de las personas mayores, discapacitadas y con movilidad limitada. También podría revolucionar el transporte público haciéndolo más eficaz y accesible para todos. Los vehículos autónomos podrían contribuir significativamente a crear un sistema de transporte más sostenible. Actualmente, el transporte es una de las mayores fuentes de emisiones de gases de efecto invernadero, ya que representa alrededor del 25% de las emisiones mundiales de dióxido de carbono. Adoptando vehículos autónomos, podríamos reducir el número de vehículos en circulación, minimizando así las emisiones de carbono producidas por el transporte. Los vehículos autónomos eliminan el factor humano de la ecuación del transporte, lo que significa que podrían programarse para conducir de la forma más eficiente desde el punto de vista energético, reduciendo aún más las emisiones de carbono. Los vehículos autónomos podrían funcionar con fuentes de energía renovables, como la solar o la eólica, lo que conduciría a un sistema de transporte más limpio y sostenible. Los vehículos autónomos son una parte esencial del futuro de la movilidad. Tienen el potencial de revolucionar el transporte y hacerlo más accesible, eficiente y sostenible. Al mismo tiempo, hay retos que deben abordarse antes de que los vehículos autónomos puedan convertirse en una realidad generalizada. Hay que garantizar la seguridad de los vehículos autónomos y establecer normativas que regulen su uso. También hay que tener en cuenta los dilemas éticos, los problemas de ciberseguridad y los efectos de los vehículos autónomos en el empleo. Las ventajas de esta tecnología superan con creces los retos. En última instancia, los vehículos autónomos podrían conducir a un futuro mejor y más sostenible para todos nosotros.

CÓMO FUNCIONAN LOS VEHÍCULOS AUTÓNOMOS

Los vehículos autónomos, como cualquier maravilla tecnológica, funcionan mediante un complejo conjunto de sistemas de hardware y software. A grandes rasgos, hay cuatro componentes básicos que hacen que un vehículo autónomo sea autónomo: sensores, procesadores, dispositivos de comunicación y mecanismos de control. Cada uno de ellos es vital a su manera. Los sensores son los ojos y los oídos del vehículo autónomo, ya que proporcionan datos en tiempo real sobre el entorno inmediato del vehículo. Mediante lidar, radar y cámaras, los sensores detectan objetos, personas, tráfico y otros vehículos. Una vez recopilada esta información, es procesada por potentes ordenadores de a bordo que utilizan algoritmos de aprendizaje automático para dar sentido a los datos. Esto nos lleva al siguiente componente: el procesador. El procesador es el cerebro del vehículo autónomo, que utiliza la informática avanzada para analizar los datos de los sensores y tomar decisiones en tiempo real. El dispositivo de comunicación actúa como portavoz del vehículo, permitiéndole comunicarse con otros vehículos de la carretera, con la infraestructura del arcén y con los sistemas de control central. Este dispositivo permite al vehículo intercambiar información sobre la situación del tráfico, el estado de la carretera y otros datos relevantes que contribuyen a una conducción segura y eficiente. El mecanismo de control se encarga de tomar los datos procesados por el software y traducirlos en acciones físicas. Se trata de un componente especialmente crítico, ya que es el que decide en última instancia cómo se moverá el vehículo e interactuará con su entorno. En términos generales, los mecanismos de control pueden dividirse en dos categorías: activos y pasivos. Los sistemas de control activo incluyen la dirección, el frenado y la aceleración, mientras que los sistemas de control pasivo controlan la suspensión, la iluminación y otros sistemas que no afectan directamente al movimiento del vehículo. Juntos, estos cuatro componentes trabajan de forma concertada para garantizar que los vehículos autónomos puedan funcionar de forma segura, eficiente y eficaz. Los datos recogidos por los sensores se introducen en el software del vehículo, que toma decisiones sobre cómo debe responder el vehículo. Estas decisiones se comunican a los demás vehículos de la carretera y el mecanismo de control actúa en consecuencia. Una de las ventajas más significativas de los vehículos autónomos es su capacidad para comunicarse entre sí. Esto les permite reaccionar a los cambios en su entorno mucho más rápidamente de lo que podrían hacerlo los conductores humanos, y les permite tomar decisiones basadas en los datos recogidos de una amplia red de sensores. Esta capacidad de recopilar y analizar datos en tiempo real es quizá el aspecto más transformador de los vehículos autónomos. Les permite operar con niveles de seguridad y eficacia sin precedentes. Por ejemplo, un vehículo autónomo puede detectar y evitar obstáculos antes incluso de que un conductor humano se percate de su presencia. El vehículo también puede optimizar su ruta en tiempo real, teniendo en cuenta el tráfico, las condiciones de la carretera y otros factores para elegir el camino más eficiente. Esto se traduce en menos accidentes, menos atascos y una experiencia de transporte más fluida. Por supuesto, aún quedan muchos retos por superar antes de que los vehículos autónomos puedan generalizarse. Los principales son los problemas de seguridad y los obstáculos normativos. Los accidentes con vehículos autónomos han sido noticia en los últimos años, y algunos conductores siguen siendo escépticos sobre la capacidad de la tecnología para garantizar su seguridad. Todavía hay muchas preguntas sobre cómo se regularán y gestionarán los vehículos autónomos. Habrá que abordar cuestiones como la responsabilidad, la ciberseguridad y la privacidad de los datos antes de que los vehículos autónomos puedan convertirse en una realidad generalizada. A pesar de estos retos, la promesa de los vehículos autónomos es demasiado importante para ignorarla. Los beneficios potenciales son enormes, desde una mayor seguridad y comodidad hasta la reducción del tráfico y las emisiones. El vehículo autónomo no es una panacea, pero sin duda es una poderosa herramienta que puede ayudarnos a reforzar y transformar nuestro sistema de transporte.

Los vehículos autónomos son cada vez más frecuentes, y tienen el potencial de revolucionar la forma en que nos movemos por nuestras ciudades y comunidades. Aprovechando sensores avanzados, procesadores de alta potencia, dispositivos de comunicación y sofisticados mecanismos de control, los vehículos autónomos pueden funcionar de forma más eficiente, segura y eficaz que nunca. Aunque sin duda hay retos que afrontar, los beneficios de los vehículos autónomos son demasiado importantes para ignorarlos. Ofrecen un camino hacia un sistema de transporte más sostenible, eficiente y equitativo, que puede ayudarnos a construir un futuro mejor y más próspero para todos.

VENTAJAS E INCONVENIENTES DE LOS VEHÍCULOS AUTÓNOMOS

Los vehículos autónomos tienen el potencial de revolucionar nuestra forma de viajar, pero también conllevan una serie de ventajas e inconvenientes. Una ventaja es el aumento de la seguridad en las carreteras. Los vehículos autónomos están equipados con sensores y sistemas informáticos avanzados que les permiten detectar su entorno y tomar decisiones basadas en esa información. Esto puede ayudar a evitar accidentes causados por errores humanos, como la conducción distraída o bajo los efectos del alcohol. Los vehículos autónomos pueden comunicarse entre sí y con los sistemas de tráfico, ayudando a reducir la congestión del tráfico y a mejorar el flujo general del tráfico. Otra ventaja de los vehículos autónomos es el aumento de la movilidad de las personas que no pueden conducir por sí mismas, como los ancianos o los discapacitados. Los vehículos autónomos podrían proporcionar a estas personas una mayor independencia y libertad, permitiéndoles desplazarse de un lugar a otro sin depender del transporte público o de la ayuda de familiares. Los vehículos autónomos también tienen varios inconvenientes. Una desventaja es la posible pérdida de puestos de trabajo en la industria del transporte. Se calcula que millones de personas trabajan en la industria del transporte en todo el mundo, y la aceptación de vehículos autónomos podría provocar importantes pérdidas de puestos de trabajo en este sector. Los vehículos autónomos son caros de desarrollar y mantener, lo que podría suponer mayores costes para los consumidores y las empresas de transporte. Otra desventaja potencial de los vehículos autónomos es la posibilidad de ciberataques. Los vehículos autónomos son esencialmente grandes ordenadores sobre ruedas, y son susceptibles de sufrir los mismos tipos de ciberataques que otros sistemas informáticos. Un ciberataque podría provocar el secuestro de un vehículo o un mal funcionamiento del sistema, poniendo potencialmente en peligro a los pasajeros y a otros conductores. También hay consideraciones éticas en torno al uso de vehículos autónomos. Por ejemplo, en caso de accidente, un vehículo autónomo puede estar programado para dar prioridad a la seguridad de los pasajeros, poniendo potencialmente en peligro a otros conductores o peatones. También hay dudas sobre quién sería responsable en caso de accidente de un vehículo autónomo. Aunque no cabe duda de que el uso de vehículos autónomos tiene ventajas, es importante considerar detenidamente los posibles inconvenientes y trabajar para abordarlos, a fin de garantizar que la aceptación generalizada de estos vehículos beneficie a la sociedad en su conjunto. A medida que la tecnología sigue avanzando, no es de extrañar que esté transformando drásticamente la movilidad. Aunque los coches autónomos y los vehículos eléctricos parecían poco realistas, ahora se están convirtiendo en una opción factible para el consumidor medio. Las implicaciones de esta transformación son enormes, desde factores económicos hasta medioambientales. La implantación de estas nuevas formas de transporte tendrá probablemente un impacto significativo en la sociedad y el planeta. Los vehículos autónomos tienen el potencial de reducir significativamente los accidentes causados por errores humanos, al tiempo que aumentan la accesibilidad para quienes no pueden conducir por sí mismos. Los vehículos eléctricos ofrecen la posibilidad de reducir las emisiones de carbono y crear un medio ambiente más sostenible. También hay que tener en cuenta las posibles implicaciones negativas. El cambio a los vehículos autónomos y los coches eléctricos puede provocar la pérdida de puestos de trabajo en el sector del transporte, y todavía hay que abordar el problema del almacenamiento de energía para los vehículos eléctricos. Aunque la transición a los vehículos autónomos y eléctricos tiene ventajas e inconvenientes, está claro que estos cambios tendrán un impacto significativo en nuestro mundo.

III. MOVILIDAD SOSTENIBLE

En los últimos años, hemos asistido a un aumento significativo de la demanda de movilidad sostenible. En respuesta, la industria del transporte se ha esforzado por producir vehículos más respetuosos con el medio ambiente que funcionen con fuentes de energía renovables. Los vehículos eléctricos (VE) son una de esas innovaciones que han ganado terreno en los últimos años. Los VE funcionan con baterías recargables, que son respetuosas con el medio ambiente y no producen emisiones, lo que los convierte en una opción más sostenible que los vehículos tradicionales con motor de combustión interna. El éxito de los VE depende en gran medida de su asequibilidad y de la accesibilidad de la infraestructura de recarga. Otra innovación prometedora en movilidad sostenible son los vehículos autónomos (VA).

Estos vehículos están equipados con sensores y programas informáticos que les permiten funcionar sin intervención humana. La tecnología autónoma puede mejorar la eficacia de los desplazamientos y reducir el número de vehículos en la carretera, disminuyendo así la congestión y las emisiones. Los VA también mejorarán la seguridad en la carretera al reducir el número de accidentes causados por errores humanos.

La aceptación generalizada de los VA es todavía una realidad lejana, con retos como la normativa, la ciberseguridad y la aceptación social que hay que abordar. La movilidad sostenible tiene potencial para transformar la industria del transporte, pero requiere un esfuerzo colectivo de los agentes del sector y los responsables políticos, así como la voluntad de los consumidores de aceptar las nuevas innovaciones.

DEFINICIÓN DE MOVILIDAD SOSTENIBLE

La movilidad sostenible se refiere a modos de transporte que reducen el impacto negativo sobre el medio ambiente y promueven el desarrollo social y económico. También se conoce como movilidad verde o transporte limpio, e incluye modos de transporte que utilizan fuentes de energía renovables o tienen menores emisiones de gases de efecto invernadero. La movilidad sostenible aborda los problemas del cambio climático, la contaminación atmosférica y la congestión del tráfico. Promueve el acceso a los servicios de transporte para todos, independientemente de su estatus socioeconómico o ubicación, y permite opciones de transporte eficientes y asequibles. Las soluciones de movilidad sostenible incluyen el transporte público, la bicicleta, los desplazamientos a pie y los servicios de movilidad compartida, impulsados por vehículos eléctricos, híbridos o de pila de combustible. Estas soluciones son esenciales para alcanzar los Objetivos de Desarrollo Sostenible de las Naciones Unidas y reducir las emisiones de gases de efecto invernadero para mitigar los efectos del cambio climático. La movilidad sostenible no es una solución única, sino un planteamiento global que requiere una transformación de nuestros sistemas, infraestructuras y políticas de transporte, para apoyar modos de transporte sostenibles y reducir el uso de vehículos de un solo ocupante.

La movilidad sostenible es crucial para un futuro sostenible, y requiere esfuerzos colectivos de los responsables políticos, los sectores privados y los individuos para realizar los cambios necesarios en nuestros sistemas de transporte.

EJEMPLOS DE SOLUCIONES DE MOVILIDAD SOSTENIBLE

Las soluciones de movilidad sostenible son cada vez más populares a medida que el mundo se orienta hacia las energías renovables y las tecnologías respetuosas con el medio ambiente. Muchas ciudades y países ya han puesto en práctica estas soluciones para reducir su huella de carbono, aumentar la eficiencia energética y promover prácticas sostenibles. Ejemplos de estas soluciones son los vehículos eléctricos, el transporte público, la bicicleta y los desplazamientos a pie. Los vehículos eléctricos son una de las soluciones de movilidad sostenible más populares y han acaparado una gran atención en los últimos años. Producen menos emisiones de gases de efecto invernadero que los vehículos tradicionales que utilizan combustibles fósiles. Los vehículos eléctricos se han vuelto más asequibles, eficientes y fiables, con una autonomía impresionante y una cómoda infraestructura de recarga que facilita su transición. También se espera que sean aún más sostenibles en el futuro, a medida que las fuentes de energía renovables, como la eólica y la solar, sean aún más accesibles. El transporte público es también una excelente solución de movilidad sostenible que puede impulsar la eficiencia energética y reducir la congestión en las carreteras. Ciudades y países de todo el mundo han adoptado soluciones innovadoras de transporte público, como autobuses eléctricos, trenes y redes ferroviarias de alta velocidad, que ayudan a reducir la dependencia del automóvil, disminuyen las emisiones y facilitan y hacen más cómodos los desplazamientos al trabajo. La bicicleta y los desplazamientos a pie son también soluciones de movilidad sostenible que están ganando popularidad. Reducen la huella de carbono, ayudan a mejorar la salud y mejoran la calidad de vida creando ciudades más habitables, con menos contaminación, atascos y ruido. Muchas ciudades están fomentando el uso de la bicicleta y los desplazamientos a pie construyendo carriles bici, zonas exclusivas para peatones y promoviendo infraestructuras seguras y accesibles que favorezcan estos modos de transporte. Un ejemplo de ciudad que ha aplicado eficazmente soluciones de movilidad sostenible es Copenhague (Dinamarca). La ciudad tiene una de las infraestructuras ciclistas más avanzadas del mundo, lo que ha provocado una reducción significativa del uso del automóvil, con el resultado de unos ciudadanos más sanos y felices y un medio ambiente mucho más limpio. La infraestructura ciclista de la ciudad incluye 375 kilómetros de carriles bici y 24.000 aparcabicis por toda la ciudad. Más de la mitad de la población de Copenhague se desplaza en bicicleta, lo que convierte a la bicicleta en el principal medio de transporte de la ciudad. La ciudad también ha invertido en autobuses y trenes eléctricos que funcionan con energías renovables, reduciendo la huella de carbono del transporte público. La ciudad también ha implantado tasas de congestión, que son tarifas que se cobran a los coches que entran en el centro de la ciudad, y esto ha ayudado a reducir la congestión del tráfico y a fomentar modos de transporte más sostenibles. Otra solución de movilidad sostenible que ha tenido éxito son las redes ferroviarias de alta velocidad (HSR). Los sistemas HSR utilizan fuentes de energía renovables y son una alternativa excelente al avión y al coche. Ofrecen un modo de transporte cómodo, rápido, fiable y asequible que produce muchas menos emisiones de gases de efecto invernadero que el transporte aéreo. China ha avanzado mucho en la ampliación de su red de trenes de alta velocidad, conectando más de 33.000 kilómetros por todo el país. El sistema ha sido decisivo para aumentar la eficacia del transporte y reducir al mismo tiempo las emisiones de carbono. El gobierno chino también pretende aumentar el uso del HSR, con el objetivo de tener 38.000 kilómetros de ferrocarril de alta velocidad en 2025. Muchos fabricantes de automóviles están invirtiendo en tecnologías de emisiones limpias, incluidos los vehículos híbridos y eléctricos. Tesla, por ejemplo, es un fabricante líder de vehículos eléctricos que ha trastornado la industria automovilística tradicional con sus avanzados vehículos eléctricos. La empresa ha vendido más de 1,3 millones de vehículos eléctricos en todo el mundo, y sus vehículos son conocidos por su gran autonomía, su carga rápida y su elegante diseño. Muchos otros fabricantes de automóviles, como Nissan, Toyota y BMW, también producen vehículos eléctricos e híbridos. Las soluciones de movilidad sostenible son fundamentales para hacer frente a los retos medioambientales y sociales provocados por nuestra dependencia de los combustibles fósiles. Las soluciones de movilidad sostenible, como los vehículos eléctricos, el transporte público, la bicicleta y los desplazamientos a pie, son cada vez más populares en todo el mundo, y muchos países y ciudades las adoptan para promover la sostenibilidad medioambiental y reducir su huella de carbono. Soluciones innovadoras como las redes ferroviarias de alta velocidad (HSR) también ofrecen una nueva alternativa prometedora a los medios de transporte tradicionales. Aunque la tecnología para las soluciones de movilidad sostenible ya está disponible, su aplicación requiere una amplia colaboración y planificación entre el gobierno, la industria y la sociedad. No obstante, no se pueden exagerar los beneficios de las soluciones de movilidad sostenible, y la sociedad y nuestro planeta pueden ganar mucho en la transición a estas prácticas hacia un sistema de transporte más sostenible.

VENTAJAS Y DESVENTAJAS DE LA MOVILIDAD SOSTENIBLE

La movilidad sostenible se refiere a cualquier forma de transporte que tenga un impacto negativo mínimo sobre el medio ambiente y promueva el uso eficiente de los recursos energéticos. Nunca se insistirá lo suficiente en los beneficios de la movilidad sostenible. Al reducir la cantidad de emisiones de carbono, puede contribuir a mitigar los efectos del cambio climático y la contaminación atmosférica, que se consideran las principales causas de enfermedades respiratorias como el asma y el cáncer de pulmón. La movilidad sostenible reduce la dependencia de los combustibles fósiles, que es un recurso no renovable que se ha relacionado con conflictos geopolíticos, el agotamiento de los recursos y la volatilidad de los precios. En consecuencia, la movilidad sostenible puede ayudar a reducir la cantidad de petróleo extranjero que importa EEUU. Al fomentar el uso de energías renovables para el transporte, la movilidad sostenible ayuda a crear oportunidades de empleo en el sector de las energías renovables que pueden reducir el efecto negativo del cambio a las nuevas tecnologías sobre los trabajadores. Se ha demostrado que los sistemas de transporte seguros y eficientes estimulan el crecimiento económico al aumentar la productividad mediante la mejora de los desplazamientos al trabajo y de las infraestructuras de transporte. La movilidad sostenible puede hacer que el transporte sea más accesible y equitativo, especialmente para las personas con discapacidad, los ancianos y las personas con bajos ingresos, que a menudo tienen dificultades para acceder al transporte. Al mejorar la capacidad y disponibilidad de modos de transporte alternativos, la movilidad sostenible ayuda a reducir la dependencia del automóvil y los costes asociados a la propiedad de un coche. El transporte activo, como los desplazamientos a pie o en bicicleta, junto con los servicios de transporte público, como las líneas de autobús, pueden contribuir a lograr una movilidad sostenible en las ciudades. Estos modos de transporte ofrecen alternativas asequibles y cómodas a la conducción. Por ejemplo, una ciudad como Oslo (Noruega) está pasando gradualmente de los coches personales a los servicios de transporte público, las bicicletas y los desplazamientos a pie, lo que ha permitido reducir las emisiones de gases de efecto invernadero y promover una vida sana entre los residentes. En el lado negativo, la movilidad sostenible requiere una inversión inicial considerable en infraestructuras, vehículos y servicios. Esto puede considerarse un coste relativamente bajo en comparación con los posibles beneficios económicos, sociales y medioambientales a largo plazo que podrían obtenerse. En algunos casos, el cambio a sistemas de transporte alternativos puede suponer la retirada progresiva de vehículos viejos, contaminantes y basados en combustibles fósiles. Por tanto, podrían ofrecerse incentivos, como subvenciones para la compra de medios de transporte sostenibles, para que el proceso de transición fuera más suave. La incorporación de nuevas tecnologías de transporte, como los vehículos autónomos de IA, requiere las correspondientes mejoras de la infraestructura, como el rediseño de la infraestructura viaria, la normativa de seguridad y el reciclaje de los actuales proveedores de servicios de transporte. Estos cambios tienen el potencial de perturbar las industrias existentes, como la de los taxis y la de los camiones, si se utilizan vehículos autónomos. Aunque los coches sin conductor pueden aumentar la seguridad vial al reducir los errores humanos, dejan sin trabajo a millones de personas, por no mencionar la perturbación de los modelos de transporte existentes y el posible desajuste de la normativa. Otra consideración es que la mayoría de las opciones de movilidad sostenible actualmente disponibles cubren distancias relativamente cortas, lo que las hace inadecuadas para los viajes de larga distancia. En consecuencia, es probable que alternativas como los coches híbridos, los coches eléctricos y los vehículos impulsados por hidrógeno acaparen parte, si no toda, la cuota de mercado de los viajes de larga distancia, debido al significativo aumento de la velocidad de desplazamiento. En algunos casos en los que el transporte público es insuficiente, el despliegue de coches eléctricos personales puede ser beneficioso para reducir la congestión del tráfico y la dependencia de los combustibles fósiles, pero requiere una planificación adecuada con aparcamientos e infraestructuras de carga apropiadas. Aunque el cambio hacia la movilidad sostenible es un paso hacia un medio ambiente más limpio, debe abordar los problemas de fondo del aumento de la población, la urbanización y la expansión descontrolada, que contribuyen a la congestión y la contaminación, entre otros. El aumento de las opciones de movilidad sostenible presenta una oportunidad única para que el transporte transite hacia un futuro más limpio, seguro y sostenible desde el punto de vista medioambiental. Ofrece la oportunidad de reducir la dependencia de los combustibles fósiles y promover el uso de fuentes de energía renovables para el transporte. La movilidad sostenible promete hacer que el transporte esté disponible y sea accesible para todos, lo que mejorará el nivel de vida y el crecimiento económico. Las industrias existentes, que podrían verse perturbadas, deben prepararse en consecuencia, y deben realizarse inversiones significativas en infraestructura y tecnología para garantizar el éxito de la transición hacia la movilidad sostenible. A medida que avanzamos hacia un futuro de vehículos autónomos y movilidad sostenible eficiente, debemos asegurarnos de que nuestro enfoque esté bien informado y sea intencionado en la promoción de la accesibilidad, la inclusividad y la equidad para todos. La tecnología está cambiando rápidamente la forma en que nos desplazamos del punto A al punto Gracias a los avances en inteligencia artificial y automatización, estamos en la cúspide de una revolución en el transporte, con vehículos autónomos preparados para transformar drásticamente nuestras carreteras y ciudades. Al eliminar la necesidad de conductores humanos, los coches autónomos tienen el potencial de revolucionar nuestra forma de vivir, trabajar y viajar. Con mayor seguridad, menos accidentes, mayor fluidez del tráfico, tiempos de desplazamiento reducidos y una planificación urbana inteligente, los vehículos autónomos alterarán radicalmente la forma en que vivimos nuestra vida cotidiana. Los vehículos eléctricos representan un cambio significativo en la forma en que alimentamos nuestros vehículos. Con cero emisiones, los vehículos eléctricos ofrecen la posibilidad de reducir nuestra huella de carbono colectiva y combatir el cambio climático. La integración de los coches eléctricos en nuestra infraestructura de transporte aún se enfrenta a importantes obstáculos que deben abordarse para garantizar opciones de movilidad sostenibles y equitativas para todos. Las implicaciones de estas tecnologías para nuestra sociedad y el medio ambiente son enormes, y es fundamental que las comprendamos y abordemos plenamente a medida que avanzamos hacia una nueva era del transporte.

IV. VEHÍCULOS ELÉCTRICOS

Los vehículos eléctricos (VE) son un tema de interés desde hace unas décadas. En sus primeras fases de desarrollo, el concepto de vehículo eléctrico se enfrentó a varios obstáculos, como la escasa duración de las baterías, la falta de infraestructura de recarga y los elevados costes de fabricación. Con el avance de la tecnología y la necesidad de reducir la huella de carbono, los VE son cada vez más populares en todo el mundo. Las ventajas de los coches eléctricos son numerosas. En primer lugar, como funcionan con electricidad, producen cero emisiones, a diferencia de los vehículos de gasolina o diésel, que son perjudiciales para el medio ambiente. Los VE son mucho más eficientes que los vehículos convencionales. Funcionan con una eficiencia del 80-90%, mientras que los motores de gasolina sólo funcionan con una eficiencia del 15-20%. El funcionamiento de los vehículos eléctricos es mucho más barato que el de los vehículos convencionales. El coste de repostar un VE es significativamente inferior al de repostar un coche de gasolina, lo que supone un gran ahorro para el conductor. Una de las mayores preocupaciones en torno a los vehículos eléctricos es su limitada autonomía. Con el avance de la tecnología, esto está dejando de ser un problema. Cada vez hay más VE en el mercado con una autonomía de más de 320 km con una sola carga, lo que los convierte en una opción viable incluso para viajes de larga distancia. La aceptación de los VE se ve facilitada por la presencia de una infraestructura de recarga cada vez más fiable, que elimina la preocupación de quedarse sin batería durante el viaje. El cambio hacia los vehículos eléctricos tiene importantes implicaciones sociales y medioambientales. Como la población mundial sigue creciendo, está claro que el sector del transporte debe reducir significativamente las emisiones de gases de efecto invernadero para combatir el cambio climático. De hecho, el sector del transporte representa actualmente casi un tercio de las emisiones mundiales de carbono. La aceptación de vehículos eléctricos y de fuentes de energía renovables para cargar estos vehículos es esencial para lograr un futuro con emisiones netas cero. Los vehículos eléctricos son también una solución increíblemente práctica a la contaminación atmosférica urbana. La calidad del aire, sobre todo en las ciudades densamente pobladas, es un importante problema de salud pública. Los VE no tienen emisiones del tubo de escape, lo que significa cero contaminación atmosférica local. En última instancia, esto conduce a un aire más limpio en las zonas urbanas, haciendo que las ciudades sean más sanas y habitables para sus habitantes. Aparte de los beneficios medioambientales, la aceptación de vehículos eléctricos también tiene importantes implicaciones económicas. Los países que suministran y exportan petróleo pueden experimentar un impacto significativo en la transición a los vehículos eléctricos. A medida que disminuya la demanda de combustibles tradicionales, las empresas petroleras y de gas verán reducirse la demanda de sus productos, lo que podría reducir significativamente sus beneficios. Este cambio también podría ofrecer nuevas oportunidades a los productores de energías renovables, que tendrán la tarea de satisfacer la creciente demanda de energía limpia para alimentar los VE. Una mayor aceptación de los VE también reduciría la dependencia de las importaciones de petróleo, mejorando la independencia energética de muchos países.

El cambio hacia los vehículos eléctricos también está estimulando la innovación y los avances tecnológicos en los sectores de la automoción y la energía. La tecnología de las baterías, en particular, es cada vez más objeto de investigación y desarrollo. El principal obstáculo para la aceptación de los VE ha sido el coste de fabricación y la mejora de la duración de las baterías. Aunque las actuales baterías de iones de litio han hecho que los coches eléctricos sean cada vez más prácticos, no están exentas de inconvenientes. Por ejemplo, las baterías de iones de litio requieren metales de tierras raras, que son caros y conllevan sus propios problemas medioambientales. La densidad energética de estas baterías es limitada, lo que significa que no son adecuadas para su uso en vehículos más grandes. Actualmente se está investigando para desarrollar baterías más baratas, eficaces y seguras, como las baterías de estado sólido, que podrían revolucionar el mercado de los vehículos eléctricos. Los vehículos eléctricos son el futuro del transporte y son esenciales para reducir las emisiones de carbono y combatir el cambio climático. Aunque la aceptación de los coches eléctricos ha sido lenta debido a problemas como la limitada autonomía y los elevados costes, el futuro parece prometedor a medida que la tecnología sigue mejorando. Los beneficios de los VE son significativos, desde los medioambientales hasta los económicos y sociales. El cambio mundial hacia los vehículos eléctricos está creando nuevas oportunidades para la innovación y los avances tecnológicos y, en última instancia, conducirá a un futuro más limpio, saludable y sostenible.

DEFINICIÓN E HISTORIA DE LOS VEHÍCULOS ELÉCTRICOS

Los vehículos eléctricos, comúnmente conocidos como VE, son coches que funcionan con motores eléctricos alimentados por baterías recargables. Los VE se consideran máquinas de movilidad sostenible, ya que no emiten gases de efecto invernadero nocivos, lo que los hace ecológicos. Los vehículos eléctricos existen desde hace siglos. El primer vehículo eléctrico fue inventado y construido en la década de 1820 por el inventor húngaro Ányos Jedlik. Sin embargo, no fue hasta finales del siglo XIX cuando los vehículos eléctricos se hicieron populares entre la élite adinerada. El desarrollo del motor de gasolina y la disponibilidad generalizada de combustible barato provocaron el declive de los coches eléctricos a principios del siglo XX. En la década de 1990, la preocupación por el medio ambiente provocada por el agotamiento de los combustibles fósiles inspiró a los fabricantes de automóviles a apostar de nuevo por la ecología. El Toyota RAV4 EV fue el primer vehículo eléctrico moderno que salió al mercado en 1997. El Tesla Roadster, fundado por el empresario tecnológico Elon Musk, fue el primer deportivo eléctrico de gama alta que marcó el inicio de la aceptación masiva de vehículos eléctricos. Actualmente, hay varios modelos de vehículos eléctricos disponibles en el mercado, lo que hace que los VE sean accesibles para muchos. En 2019, la Agencia Internacional de la Energía (AIE) informó de que el número de vehículos eléctricos en las carreteras del mundo superó los 5 millones, lo que representa un aumento del 65% respecto a 2018. Para finales de 2020, los expertos predicen que el número de vehículos eléctricos en todo el mundo alcanzará los 9,7 millones, lo que representa un fuerte cambio hacia el transporte sostenible. Los vehículos eléctricos también contribuyen significativamente a la reducción de las emisiones de carbono a la atmósfera, lo que los convierte en un elemento esencial para lograr un futuro sostenible. La Agencia Internacional de la Energía calcula que los vehículos eléctricos pueden evitar que hasta 1.500 millones de toneladas métricas de emisiones de carbono lleguen a la atmósfera en 2040. Dado que el calentamiento global supone una amenaza para nuestro planeta, los vehículos eléctricos pueden desempeñar un papel crucial en la reducción de las emisiones de carbono y el fomento de la movilidad sostenible.

CÓMO FUNCIONAN LOS VEHÍCULOS ELÉCTRICOS

Los vehículos eléctricos (VE) funcionan mediante un conjunto de mecanismos muy distintos a los de los coches tradicionales de gasolina. En un VE, la electricidad es el combustible que impulsa el vehículo, y la energía de la batería se utiliza para generar movimiento en las ruedas del vehículo. En general, los VE constan de cuatro componentes principales: una batería, un motor eléctrico, un inversor y un sistema de carga. La batería proporciona energía al motor, que hace girar las ruedas. A su vez, el inversor se encarga de convertir la corriente continua de la batería en la corriente alterna necesaria para el funcionamiento del motor. Aunque este proceso parece sencillo, en realidad es bastante sofisticado. En términos prácticos, los vehículos eléctricos ofrecen una serie de ventajas significativas sobre los vehículos con motor de combustión interna. Por un lado, los VE son mucho más eficientes energéticamente que los vehículos tradicionales de gas, y no emiten gases de escape. A largo plazo, esto supone unos costes de funcionamiento mucho más bajos, lo que hace que los VE sean una opción cada vez más atractiva para los consumidores. Debido a su mayor eficiencia, los vehículos eléctricos pueden contribuir a resolver los problemas relacionados con el calentamiento global y el cambio climático. Los VE ofrecen una conducción mucho más suave y silenciosa que los vehículos tradicionales, lo que hace que conducir sea una experiencia más cómoda y agradable en general. A pesar de las diversas ventajas que ofrecen los vehículos eléctricos, también hay retos asociados a su aceptación generalizada. Por ejemplo, construir la infraestructura de recarga necesaria para un gran número de vehículos eléctricos ha resultado bastante difícil, y también preocupa el impacto medioambiental de la eliminación de las baterías de iones de litio. No obstante, el crecimiento de los vehículos eléctricos sigue acelerándose, y muchos expertos predicen que los VE representarán una parte importante de las ventas totales de vehículos en las próximas décadas. A medida que los gobiernos de todo el mundo promulgan políticas para fomentar la transición a formas más limpias de transporte, parece claro que el vehículo eléctrico desempeñará un papel cada vez más importante en el futuro de la movilidad.

VENTAJAS Y DESVENTAJAS DE LOS VEHÍCULOS ELÉCTRICOS

Los vehículos eléctricos (VE), al igual que los vehículos autónomos, llevan tiempo dando que hablar como posible solución a los retos medioambientales asociados a los vehículos tradicionales. No hay duda de que las ventajas de los vehículos eléctricos son bastante significativas. Producen menos emisiones de carbono y, por tanto, son más respetuosos con el medio ambiente. Por esta razón, se han promocionado como una parte clave de la solución para mitigar el cambio climático. En comparación con los vehículos de gas, los VE pueden ahorrar a los consumidores mucho dinero en combustible a largo plazo. Dependiendo de las tarifas eléctricas de tu zona, actualmente puede costarte menos "repostar" tu VE que un vehículo tradicional, sobre todo si recorres largas distancias con regularidad. En cuanto al mantenimiento, los VE tienen muchas menos piezas móviles que puedan romperse o desgastarse, ya que no hay aceite de motor, bujías ni otros componentes. Esto significa que su mantenimiento puede ser mucho más barato a largo plazo. Otra ventaja de los vehículos eléctricos es que su funcionamiento puede ser mucho más silencioso que el de los vehículos tradicionales, lo que puede contribuir a reducir significativamente la contaminación acústica en nuestras ciudades. También hay varios inconvenientes importantes asociados a los vehículos eléctricos. Uno de los más significativos es la duración y la autonomía de las baterías. Aunque los avances en la tecnología de las baterías han permitido que los VE tengan una autonomía mucho mayor que los modelos anteriores, aún no pueden igualar la autonomía de los vehículos tradicionales. También está el problema del tiempo de carga, que puede ser bastante largo. Mientras que puedes ir a tu gasolinera local y repostar en sólo unos minutos, incluso las estaciones de carga "rápida" para vehículos eléctricos tardan varias horas en cargar completamente una batería. Esto significa que los VE pueden no ser prácticos para las personas que necesitan hacer viajes largos con regularidad o que tienen que recorrer largas distancias por trabajo. La infraestructura es un problema: el desarrollo de estaciones de carga de baterías debe ir más rápido que el aumento del número de vehículos eléctricos en las carreteras. La disponibilidad de estaciones de carga y el tiempo que se tarda en "repostar" el vehículo serán un problema importante hasta que se complete la infraestructura de estaciones de carga. Otra desventaja de los vehículos eléctricos reside en la forma en que se fabrican actualmente. Aunque su funcionamiento puede ser más respetuoso con el medio ambiente que el de los vehículos tradicionales, muchos de los materiales utilizados en la producción de VE, como el litio y el cobalto, son difíciles de obtener y se extraen utilizando métodos mineros tradicionales que pueden ser muy perjudiciales para el medio ambiente. El proceso de fabricación de los VE puede ser bastante intensivo en energía y, por tanto, sigue produciendo una huella de carbono significativa. La buena noticia es que las mejoras en la tecnología de fabricación y en la tecnología de las baterías podrían reducir en gran medida la huella de carbono asociada a la producción de VE. También está la cuestión de la asequibilidad. Aunque el mantenimiento de los VE puede ser más barato a largo plazo, su adquisición directa suele ser más cara que la de un vehículo tradicional. Para muchas personas, el mayor coste inicial puede ser demasiado para justificar el ahorro a largo plazo. Cabe señalar que, a medida que mejore la tecnología de las baterías, es probable que el coste de los vehículos eléctricos baje, al igual que ha ocurrido con otras tecnologías en el pasado. A pesar de estas desventajas, todavía hay mucho por lo que entusiasmarse en lo que respecta a los vehículos eléctricos. Los avances en los VE podrían reducir en gran medida la huella de carbono asociada al transporte, que es uno de los mayores contribuyentes al cambio climático. Los vehículos eléctricos ofrecen la posibilidad de unas calles más silenciosas y limpias, así como la oportunidad de que los particulares ahorren importantes cantidades de dinero a largo plazo. Por supuesto, también hay que señalar que los vehículos eléctricos no son la panacea para todos nuestros problemas de transporte. Aunque pueden representar un paso en la dirección correcta, aún queda mucho trabajo por hacer para reducir la huella de carbono global asociada al transporte, mejorar la infraestructura para satisfacer la demanda y garantizar que los vehículos eléctricos sean accesibles y asequibles para todos. Los vehículos eléctricos ofrecen algunas posibilidades apasionantes en lo que respecta al futuro del transporte. Aunque ciertamente hay algunos retos importantes que deben abordarse en términos de infraestructura, duración de las baterías y asequibilidad, las ventajas que ofrecen -incluida una reducción de las emisiones de carbono y de los costes de combustible, y unas carreteras más silenciosas- son significativas. Está claro que el futuro del transporte va a estar determinado por la tecnología, y que los vehículos eléctricos seguirán desempeñando un papel importante en esa evolución. Depende de las personas, las organizaciones y los gobiernos trabajar juntos para crear el tipo de ecosistema de transporte que realmente pueda ayudarnos a conseguir una movilidad sostenible. Sólo podemos esperar que esto ocupe un lugar destacado en la lista de prioridades de nuestros líderes mundiales y que el desarrollo de vehículos más eficientes y eléctricos allane el camino hacia el futuro.

El desarrollo de la tecnología ha revolucionado la industria del transporte y ha transformado la forma en que nos desplazamos de un lugar a otro. Uno de los cambios más significativos es la aparición de los vehículos autónomos, que tiene el potencial de remodelar todo el sistema de transporte. Los vehículos autónomos, también conocidos como coches que se conducen solos, son vehículos que pueden funcionar sin intervención humana. Estos coches están equipados con diversos sensores, cámaras y otras tecnologías avanzadas que les permiten percibir el entorno, emitir juicios y responder a diferentes situaciones de forma automática. Los beneficios de los coches autónomos son numerosos, e incluyen carreteras más seguras, reducción de la congestión y mejora de la movilidad de las personas mayores y discapacitadas. La autonomía podría cambiar completamente la forma en que percibimos los coches y los vehículos en nuestra sociedad. Las ventajas de los vehículos autónomos son enormes. En primer lugar, los coches autónomos tienen el potencial de reducir significativamente los accidentes de tráfico. Según estadísticas recientes, el error humano es responsable de alrededor del 94% de todos los accidentes de tráfico. Sin embargo, con los coches autónomos, la toma de decisiones queda en gran medida fuera del alcance humano y, por tanto, se reduce el riesgo de error humano, lo que provoca menos accidentes, lesiones y muertes en las carreteras. En segundo lugar, los coches autónomos podrían ayudar a reducir la congestión del tráfico. Con los coches autónomos, se puede gestionar un flujo de tráfico fluido y eficiente mediante la comunicación entre coches, lo que facilitaría una mejor gestión del tráfico y reduciría la congestión de forma significativa. En tercer lugar, las personas mayores y discapacitadas podrían disfrutar de una movilidad e independencia sin precedentes gracias a los coches autónomos. Estos grupos de personas han tenido tradicionalmente una movilidad limitada debido a su edad o a sus disposiciones físicas, lo que a menudo ha restringido su capacidad para viajar y participar en la vida social. Los vehículos autónomos pueden cambiar eso y ofrecerles una mayor sensación de independencia y accesibilidad. Aunque las ventajas de los vehículos autónomos son significativas, también hay posibles inconvenientes que deben abordarse. Una preocupación es la posible pérdida de puestos de trabajo para los empleados del sector del transporte. A medida que se desarrollen más coches autónomos, los taxistas y camioneros podrían quedarse sin trabajo, y una gran parte de la industria del transporte en general podría estar en peligro. Otra preocupación es la ciberseguridad de los coches autónomos. A medida que estos vehículos dependen en gran medida de las redes de comunicación y de sofisticados sistemas de software, pueden volverse vulnerables a la piratería informática o a los ciberataques. Cualquier uso indebido de estos coches podría tener consecuencias devastadoras, como la pérdida de vidas o la violación de la privacidad. Es crucial desarrollar sistemas eficaces de bloqueo, antihackeo y medidas de protección de la privacidad para mitigar estos riesgos. Junto al desarrollo de los coches autónomos está el auge de los vehículos eléctricos (VE), que funcionan con electricidad en lugar de con los combustibles fósiles tradicionales. Los VE se consideran una de las soluciones más prometedoras al cambio climático causado por las emisiones de carbono. Según estudios recientes, el transporte es responsable de alrededor del 15% de las emisiones mundiales, y los vehículos tradicionales son un contribuyente importante. Sustituyendo esos vehículos por VE, es posible reducir significativamente las emisiones de carbono en la industria del transporte. Las ventajas de los VE también incluyen unos costes de funcionamiento más bajos, unos motores más silenciosos y unas opciones de repostaje más cómodas. A medida que la tecnología siga desarrollándose, es probable que estas ventajas aumenten, lo que conducirá a una aceptación más generalizada. Sin embargo, la aceptación generalizada de los vehículos eléctricos plantea varios retos que hay que abordar. El primer reto está relacionado con la autonomía de los vehículos. Los VE siguen teniendo una autonomía relativamente corta en comparación con los coches de gasolina, y la infraestructura de recarga sigue siendo limitada en muchas zonas. Aunque la infraestructura está mejorando, es vital garantizar una red de recarga sólida que pueda soportar viajes largos, habituales en muchas partes del mundo. Otro reto es la cuestión de la eliminación de las baterías. A pesar de los retos, el futuro del transporte parece abocado a ser más sostenible y respetuoso con el medio ambiente. Los coches autónomos y los vehículos eléctricos son dos innovaciones significativas que tienen el potencial de revolucionar la forma en que nos desplazamos de un lugar a otro, y de transformar la forma en que percibimos los coches y el transporte en nuestra sociedad. La combinación de autonomía y energía limpia podría presentar un futuro en el que la movilidad individual, que actualmente es uno de los principales responsables de las emisiones de carbono, podría reducirse significativamente. Esta integración de tecnología y sostenibilidad también ofrece una clara oportunidad para que los gobiernos y los responsables políticos aborden el problema de la contaminación atmosférica y la congestión urbana, fomentando el desarrollo de modos de transporte de emisiones cero. El auge de los coches autónomos y los vehículos eléctricos ha transformado la industria del transporte, y las implicaciones para la sociedad y el planeta son profundas. Los coches autónomos tienen el potencial de reducir los accidentes, reducir la congestión del tráfico y aumentar la accesibilidad al transporte para algunos grupos. El desarrollo de los coches autónomos podría amenazar los puestos de trabajo, y los riesgos de ciberseguridad requerirán atención para mitigar cualquier peligro potencial. Mientras tanto, los vehículos eléctricos están proporcionando importantes beneficios para el medio ambiente al reducir las emisiones; sin embargo, la vida útil de las baterías y la infraestructura de recarga presentan varios retos que hay que abordar. El reto ahora es garantizar que estas innovaciones puedan integrarse de forma segura y eficiente en nuestra infraestructura de transporte, allanando el camino hacia un futuro más sostenible.

V. BENEFICIOS DE LOS VEHÍCULOS AUTÓNOMOS Y DE LA MOVILIDAD SOSTENIBLE

Uno de los beneficios más significativos de los vehículos autónomos y la movilidad sostenible es su potencial para combatir el cambio climático y reducir la contaminación atmosférica. En las zonas urbanas, el transporte es responsable de una parte importante de las emisiones de gases de efecto invernadero y de las partículas nocivas que pueden dañar la salud humana. La aceptación generalizada de vehículos eléctricos autónomos puede reducir drásticamente estas emisiones. Al eliminar el error humano, los vehículos autónomos son capaces de reducir la congestión del tráfico y optimizar las rutas, lo que a su vez reduce el consumo de combustible y las emisiones. Los vehículos eléctricos producen cero emisiones del tubo de escape, lo que los convierte en una alternativa atractiva a los coches tradicionales de gasolina. La combinación de tecnología autónoma y movilidad sostenible puede conducir a un sistema de transporte más fiable, eficiente y limpio. Esto, a su vez, puede mejorar la calidad del aire, reducir las emisiones de carbono y crear un entorno más saludable para los seres humanos y la naturaleza. La movilidad sostenible también puede suponer un ahorro de costes para particulares, empresas y gobiernos. Los vehículos eléctricos y los vehículos autónomos tienen costes de funcionamiento más bajos que los vehículos tradicionales, y el coste de las fuentes de energía renovables ha disminuido continuamente. Este ahorro de costes, unido a unos costes de mantenimiento más bajos y a un menor número de accidentes, puede suponer importantes beneficios económicos para la sociedad. Los beneficios de la movilidad sostenible y los vehículos autónomos van mucho más allá de la comodidad y la seguridad. Al reducir las emisiones, recortar los costes y aumentar la eficiencia, la movilidad sostenible tiene el potencial de crear un futuro más sano, seguro y medioambientalmente sostenible para todos.

BENEFICIOS ECONÓMICOS

Uno de los argumentos más convincentes a favor de los vehículos autónomos y la movilidad sostenible es el potencial de importantes beneficios económicos. Por un lado, la aceptación de vehículos autónomos podría suponer un ahorro sustancial de costes tanto para los consumidores como para las empresas. Con los coches autónomos, no habría necesidad de pagar a conductores humanos, lo que podría reducir drásticamente los costes de transporte con el tiempo. Esto podría tener un efecto dominó en toda la economía, ya que las empresas invertirían sus nuevos ahorros en contratar más trabajadores, ampliar sus operaciones o reducir los precios para los consumidores. Además, los coches autónomos también podrían ayudar a reducir la congestión del tráfico y los costes asociados de pérdida de tiempo y combustible. Al optimizar las rutas y evitar los accidentes, los vehículos autónomos podrían ayudar a las personas a llegar a su destino de forma más eficiente, reduciendo el tiempo que pasan atrapadas en el tráfico y la cantidad de combustible que consumen. Esto podría ser una bendición para las empresas que dependen del transporte, así como para los particulares, que ya no tendrían que pasar horas sentados en el tráfico cada día. Al mismo tiempo, las soluciones de movilidad sostenible, como los vehículos eléctricos, podrían ayudar a reducir nuestra dependencia de los combustibles fósiles y disminuir nuestra huella de carbono colectiva. Aunque la compra de un vehículo eléctrico o la instalación de una infraestructura de recarga conllevan unos costes iniciales, éstos podrían compensarse con el ahorro a largo plazo en combustible y la reducción de las necesidades de mantenimiento. Adoptando opciones de transporte más limpias, podríamos reducir el impacto sanitario de la contaminación atmosférica y mejorar los resultados de salud pública a lo largo del tiempo. En conjunto, los beneficios económicos de los vehículos autónomos y las soluciones de movilidad sostenible son significativos y de gran alcance. Invirtiendo en estas tecnologías y apoyando políticas que promuevan su adopción, podemos contribuir a crear un futuro más eficiente y sostenible.

BENEFICIOS MEDIOAMBIENTALES

Uno de los beneficios medioambientales más significativos de los vehículos autónomos es la reducción de las emisiones de gases de efecto invernadero. Esto se debe a que los coches autónomos utilizan energía eléctrica, que es mucho más limpia en comparación con los coches de gasolina y diésel. Un informe reciente indica que, sólo en Estados Unidos, el transporte es responsable de más de una cuarta parte de todas las emisiones de gases de efecto invernadero, lo que lo convierte en uno de los principales responsables del cambio climático. Con la aparición de los vehículos eléctricos (VE) y los vehículos autónomos (VA), es posible reducir significativamente las emisiones de carbono sin renunciar a la movilidad. A medida que la tecnología de los coches autónomos se vaya perfeccionando, se espera que estos coches sean más eficientes energéticamente, y que utilicen incluso menos energía que los coches eléctricos convencionales. Esto significa que estos coches tendrán un impacto medioambiental aún menor, ya que la energía utilizada para cargar la batería procederá de recursos más renovables, como la energía solar, eólica e hidroeléctrica. Otro beneficio medioambiental de los vehículos autónomos es la reducción de la congestión del tráfico y del tiempo total de viaje. Con los coches autónomos, es posible optimizar el espacio vial, lo que provoca menos atascos y menos coches parados en la carretera. Esto significa menos consumo de combustible y, por tanto, menos emisiones que contribuyen a la contaminación atmosférica. Las ciudades que adopten esta tecnología podrán incluso reducir la necesidad de nuevas carreteras, plazas de aparcamiento y otras infraestructuras que contribuyen a la expansión urbana y a una mayor degradación del medio ambiente. Además, los coches autónomos pueden hacer aún más cómodos los viajes compartidos, reduciendo aún más el número de coches en la carretera. Los vehículos autónomos desempeñarán un papel importante en la remodelación de la industria del transporte. Proporcionarán una plataforma para el despliegue de servicios de movilidad compartida, como los viajes compartidos, el coche compartido y el micro-tránsito. Esto facilitará a la gente el acceso al transporte a un coste menor, reduciendo la necesidad de poseer un automóvil individual y, por tanto, la fabricación de automóviles. Con el tiempo, esto conllevará menos emisiones tanto de la fabricación como del transporte, reduciendo la huella de carbono global de la industria automovilística. Otro ámbito prometedor en el que los vehículos autónomos pueden contribuir a la sostenibilidad medioambiental es el del transporte de mercancías y la logística. A medida que los camiones y vehículos de reparto autónomos empiecen a entrar en el mercado, podrán mejorar la eficiencia, reducir el consumo de combustible y disminuir el número de vehículos necesarios para el transporte de mercancías. Esto conllevará menos emisiones de las actividades de transporte, ya que el uso de camiones autónomos permite una planificación más eficiente de las rutas, tiempos de entrega más rápidos y una reducción del tiempo de inactividad. Los vehículos autónomos tienen potencial para proporcionar importantes beneficios medioambientales. A medida que esta tecnología siga mejorando, es posible imaginar un futuro en el que el transporte sea más limpio, eficiente y accesible que nunca. No obstante, para que los vehículos autónomos desarrollen todo su potencial medioambiental, los responsables políticos y los líderes de la industria deben adoptar un enfoque integrado que tenga en cuenta la interacción de las tecnologías emergentes, el uso del suelo y el desarrollo de infraestructuras. Las políticas públicas también son esenciales para garantizar que estos vehículos utilicen fuentes de energía renovables, y que se diseñen y fabriquen teniendo en cuenta la sostenibilidad. Si se aprovecha todo el potencial de los vehículos autónomos y eléctricos, podemos esperar una reducción significativa de las emisiones de gases de efecto invernadero, un aire más limpio y un sistema de transporte más sostenible para las generaciones futuras.

PRESTACIONES SOCIALES

La aparición de vehículos autónomos y eléctricos puede aportar importantes beneficios sociales, como un mayor acceso al transporte, la reducción de la congestión del tráfico y la mejora de la seguridad en las carreteras. Uno de los principales beneficios sociales de los vehículos autónomos es su potencial para aumentar la movilidad de las personas que, de otro modo, no podrían conducir por sí mismas. En la actualidad, muchas personas con discapacidad o de edad avanzada dependen del transporte público o de la ayuda de familiares y amigos para desplazarse. Con la introducción de los vehículos autónomos, estas personas pueden recuperar un nivel de independencia y movilidad que antes no tenían. Además de proporcionar mayor movilidad a quienes no pueden conducir, los vehículos autónomos también tienen el potencial de reducir la congestión del tráfico en las zonas urbanas. Según estudios realizados por investigadores de la Universidad de Texas, los vehículos automatizados pueden reducir la congestión del tráfico hasta en un 80%. Esto se debe a que los vehículos autónomos son capaces de operar de forma más eficiente y segura que los conductores humanos, reduciendo la probabilidad de accidentes y atascos. El aumento del uso de vehículos eléctricos puede reducir significativamente las emisiones de carbono y mejorar la calidad del aire, sobre todo en las zonas urbanas. Según la Agencia Internacional de la Energía, el sector del transporte es actualmente responsable de aproximadamente una cuarta parte de las emisiones mundiales de dióxido de carbono. Con la transición a los vehículos eléctricos, podemos reducir significativamente estas emisiones y mitigar los efectos del cambio climático. Otro beneficio social importante de los vehículos eléctricos es su potencial para reducir el coste del transporte para las personas y las familias. A medida que mejore la tecnología de las baterías y siga disminuyendo el coste de producción de los vehículos eléctricos, cabe esperar que el coste de poseer y utilizar un vehículo eléctrico sea cada vez más competitivo con respecto a los motores de combustión tradicionales. Algunos estudios sugieren que los vehículos eléctricos pueden incluso llegar a ser más baratos de poseer y utilizar que los coches tradicionales en la próxima década. La aparición de vehículos autónomos y eléctricos puede aportar importantes beneficios sociales, como una mayor movilidad, la reducción de la congestión del tráfico, la mejora de la seguridad y la reducción de las emisiones. Aunque sin duda hay retos asociados a la transición a estas nuevas formas de movilidad, debemos abrazar el potencial que ofrecen y trabajar para gestionar eficazmente su integración en nuestros sistemas de transporte. Esto requerirá la colaboración entre los responsables políticos, los líderes de la industria y los ciudadanos para garantizar que se aprovechan plenamente los enormes beneficios potenciales de estas tecnologías. La transformación de la movilidad mediante la infusión de tecnología avanzada encierra un inmenso potencial para nuestra sociedad y nuestro planeta en términos de creación de una infraestructura de transporte sostenible y eficiente. Los coches autónomos, también conocidos como coches que se conducen solos, son cada día más frecuentes en nuestras carreteras. Los recientes avances tecnológicos han permitido que estos coches se conviertan en una alternativa viable a los vehículos tradicionales por varias razones. En primer lugar, los coches autónomos son increíblemente eficientes, gracias a su capacidad para responder y adaptarse a su entorno en tiempo real. Los vehículos autónomos también son más seguros, ya que no están limitados por las limitaciones físicas o cognitivas de un conductor humano, lo que reduce la probabilidad de accidentes causados por errores humanos. Son más respetuosos con el medio ambiente que los coches tradicionales, ya que suelen ser de propulsión eléctrica y producen menos emisiones. Esta característica ayuda a reducir la contaminación atmosférica, que ha sido un problema importante en todo el mundo, poniendo en peligro la salud pública y el medio ambiente. El cambio hacia los vehículos eléctricos también podría tener repercusiones positivas de gran alcance en nuestro medio ambiente y en la sociedad. El objetivo de los vehículos eléctricos es reducir la cantidad de emisiones de gases de efecto invernadero generadas por el transporte, que actualmente es uno de los principales motores del cambio climático. Los coches eléctricos utilizan fuentes de energía renovables (por ejemplo, solar, eólica), lo que los convierte en una opción más limpia y eficiente que los vehículos tradicionales de gasolina. La aceptación generalizada de vehículos eléctricos podría ayudar a reducir la dependencia de los combustibles fósiles, que se agotan rápidamente y contribuyen a las emisiones de contaminantes nocivos como el monóxido de carbono, los óxidos de nitrógeno y las partículas. El funcionamiento y mantenimiento de los coches eléctricos suele ser más barato que el de los vehículos de combustible convencional, lo que reduce el coste global del transporte y lo hace más accesible a un mayor número de personas. Hay varias implicaciones asociadas a estos avances en la tecnología del transporte.

La más obvia es el impacto económico potencial en la industria del automóvil. Por ejemplo, los actuales fabricantes de automóviles tendrán que cambiar significativamente sus modelos de negocio para adoptar eficazmente estas nuevas tecnologías. Este cambio hacia los vehículos autónomos y eléctricos también podría provocar pérdidas de puestos de trabajo en las industrias automovilísticas tradicionales. El cambio también presenta oportunidades para que surjan nuevas empresas y se beneficien potencialmente de forma significativa de la aceptación de estas tecnologías. Hay varias implicaciones sociales asociadas a los vehículos autónomos. Por ejemplo, los coches autónomos pueden proporcionar una nueva movilidad a quienes no pueden conducir vehículos tradicionales debido a limitaciones físicas o relacionadas con la edad. También pueden reducir la necesidad de tener un coche en propiedad, lo que podría dar lugar a más modelos de movilidad compartida. Este cambio podría, en última instancia, reducir el tráfico y ayudar a reducir los costes generales asociados al uso de vehículos. Aunque la transformación de la movilidad a través de la tecnología tiene un potencial inmenso, también hay riesgos y retos potenciales que deben tenerse en cuenta. Una preocupación importante es la seguridad de los sistemas que sustentan los vehículos autónomos. La introducción de los coches autónomos presenta nuevos riesgos de ciberseguridad y los ciberataques a los coches autónomos podrían causar graves daños, no sólo al vehículo, sino también a otros usuarios de la carretera. Los vehículos autónomos pueden plantear dilemas éticos, sobre todo en situaciones en las que la seguridad de los pasajeros se vea comprometida en favor de la protección de otros. Los algoritmos utilizados por los vehículos autónomos tendrán que ser lo bastante sofisticados para analizar con precisión situaciones complejas. Este requisito significa que tendrán que producirse avances significativos en la inteligencia artificial (IA) antes de que los vehículos totalmente autónomos sean una realidad. Otra cuestión crítica es la infraestructura necesaria para el uso generalizado de vehículos eléctricos. Actualmente, la infraestructura de recarga es limitada, sobre todo en las zonas rurales. La limitada autonomía de los vehículos eléctricos podría hacerlos menos adecuados para viajes largos. Esta limitación significa que las estaciones de recarga podrían tener que estar más dispersas, lo que requeriría importantes inversiones en infraestructura. El coste de los vehículos eléctricos podría seguir siendo prohibitivo para muchos, lo que impediría la aceptación generalizada de esta tecnología. Los vehículos autónomos y los coches eléctricos podrían revolucionar la forma en que nos desplazamos e influir positivamente en nuestra sociedad y nuestro planeta. Aunque existen importantes retos e implicaciones asociados a la aceptación de estas tecnologías, los beneficios potenciales, incluido el aumento de la sostenibilidad y la eficiencia, superan a esos aspectos negativos. La aceptación de tecnologías avanzadas en los sistemas de transporte podría ayudar a reducir el impacto de las emisiones de los vehículos en el medio ambiente, reducir el tráfico en nuestras carreteras y abrir nuevas oportunidades de movilidad a todos los miembros de la sociedad. Es esencial abordar los retos que plantea la implantación de estas nuevas tecnologías, como la necesidad de ciberseguridad, infraestructura de recarga y asequibilidad, antes de que podamos aprovechar plenamente sus beneficios potenciales.

VI. RETOS DE LOS VEHÍCULOS AUTÓNOMOS Y LA MOVILIDAD SOSTENIBLE

A pesar de los beneficios potenciales de los vehículos autónomos y la movilidad sostenible, hay varios retos que pueden surgir en la implantación de estas tecnologías. Una de las principales preocupaciones es la posible pérdida de puestos de trabajo en la industria del transporte. Con la introducción de los vehículos autónomos, puede producirse una disminución significativa de la necesidad de conductores, lo que podría llevar al desempleo a aquellas personas cuyo medio de vida depende de la conducción. Puede haber una lucha por la transición de la infraestructura de transporte actual a una que pueda acomodar a los vehículos autónomos. Habrá que adaptar las carreteras, autopistas y ciudades para dar cabida a los vehículos autónomos, y esto puede requerir una inversión financiera significativa. Habrá que abordar el entorno normativo. Los organismos gubernamentales tendrán que desarrollar políticas y normativas para garantizar el funcionamiento seguro de los vehículos autónomos y determinar la responsabilidad de los accidentes. También habrá que abordar los problemas de privacidad y ciberseguridad, ya que los vehículos autónomos corren el riesgo de ser pirateados. También habrá que preocuparse por el mantenimiento y la vida útil de la tecnología, así como por su impacto medioambiental. Por ejemplo, la producción y eliminación de las baterías de los vehículos eléctricos puede tener importantes implicaciones medioambientales. La aceptación de tecnologías de movilidad sostenible, como los vehículos eléctricos, requerirá importantes inversiones en infraestructuras de recarga, lo que podría plantearse como un reto importante que hay que abordar antes de que estas tecnologías puedan generalizarse. A pesar de estos retos, también existen oportunidades para abordarlos de forma que beneficien a la sociedad y al medio ambiente. La transición a los vehículos autónomos brinda la oportunidad de abordar el problema de los accidentes de tráfico, que actualmente causan miles de víctimas mortales cada año. Los vehículos autónomos tienen el potencial de reducir significativamente el número de accidentes de tráfico al eliminar el error humano de la ecuación. El uso de vehículos eléctricos junto con fuentes de energía renovables brinda la oportunidad de reducir significativamente el impacto medioambiental del transporte. Por ejemplo, fuentes de energía renovables como la solar y la eólica pueden alimentar los vehículos eléctricos, reduciendo la dependencia de los combustibles fósiles y las emisiones asociadas al transporte tradicional. El desarrollo de tecnologías avanzadas, como el mantenimiento predictivo, puede reducir el coste de mantenimiento de los vehículos autónomos, haciendo más rentable su explotación. El desarrollo de infraestructuras de carga para vehículos eléctricos también puede crear nuevos puestos de trabajo y estimular el crecimiento económico en la industria de las energías renovables. Aunque existen retos asociados al desarrollo y la implantación de vehículos autónomos y tecnologías de movilidad sostenible, también hay oportunidades para abordar estos retos de forma que beneficien a la sociedad y al medio ambiente.

Los avances tecnológicos en el transporte tienen enormes implicaciones para nuestra sociedad y el planeta en general. La aparición de vehículos autónomos y tecnologías de movilidad sostenible tiene el potencial de revolucionar la forma en que viajamos, reduciendo el impacto medioambiental del transporte y creando nuevas oportunidades de crecimiento económico. También existen importantes retos asociados al desarrollo y la implantación de estas tecnologías, como las barreras normativas, infraestructurales y económicas. Para hacer frente a estos retos, los responsables políticos deben ser proactivos en el desarrollo de políticas y normativas que faciliten la aceptación de estas tecnologías, al tiempo que prestan apoyo a quienes puedan verse afectados negativamente. Las empresas privadas y los particulares deben desempeñar su papel invirtiendo en el desarrollo y la aceptación de estas tecnologías, en transición hacia opciones de movilidad más sostenibles. Si los retos pueden abordarse de forma que beneficien a la sociedad y al medio ambiente, el futuro del transporte será más sostenible, seguro y accesible para todos.

RETOS TÉCNICOS

Aunque la promesa de los vehículos autónomos es sustancial, los retos para hacer plenamente realidad esta visión son igualmente importantes. Uno de los principales escollos para la aceptación generalizada de los vehículos autónomos es la dificultad de crear sistemas de IA que puedan manejar la complejidad y la incertidumbre de las situaciones de conducción del mundo real. Aunque muchas empresas tecnológicas han avanzado mucho en el desarrollo de coches autoconducidos capaces de circular por carreteras en condiciones relativamente sencillas, aún quedan numerosos problemas técnicos por resolver antes de que los vehículos autónomos estén listos para tomar el control de las carreteras. Algunos de los principales retos técnicos son la necesidad de desarrollar sensores más precisos y fiables que puedan detectar una gama más amplia de objetos y condiciones, la necesidad de mejorar los algoritmos de aprendizaje automático para interpretar mejor los datos complejos, y la necesidad de desarrollar sistemas de seguridad más robustos que puedan prevenir accidentes y responder rápidamente a las emergencias. Para superar estos obstáculos, los investigadores e ingenieros tendrán que colaborar entre disciplinas y ampliar los límites de lo que es posible actualmente con la IA y el aprendizaje automático. También está el reto de actualizar nuestra infraestructura de transporte actual para que admita vehículos autónomos, lo que requerirá una inversión significativa en nuevas carreteras, sistemas de gestión del tráfico y otras infraestructuras críticas. Aunque estos retos técnicos son formidables, los beneficios potenciales de los vehículos autónomos son tan grandes que probablemente sólo sea cuestión de tiempo que se resuelvan estas cuestiones y los vehículos autónomos se conviertan en una realidad en nuestras carreteras y autopistas. El éxito del desarrollo de los vehículos autónomos requerirá un amplio esfuerzo que reúna a las partes interesadas de la industria del transporte, el gobierno y el mundo académico para trabajar hacia una visión compartida de un sistema de transporte más sostenible y eficiente.

RETOS POLÍTICOS

La aceptación de vehículos autónomos y el cambio hacia una movilidad sostenible plantean importantes retos políticos que requieren la atención inmediata de los legisladores. Uno de los principales retos políticos es la necesidad de marcos normativos que garanticen la seguridad y la responsabilidad de los vehículos autónomos. Como ya se ha dicho, los vehículos totalmente autónomos (nivel 5) aún no se han implantado en operaciones a gran escala, pero requerirán un sistema normativo completo que garantice que son seguros y fiables. Los gobiernos deberían colaborar con la industria automovilística para desarrollar normas y reglamentos que garanticen el correcto funcionamiento de los vehículos autónomos y minimicen los riesgos para el público. Esto requeriría amplios programas de investigación y desarrollo para abordar los retos relacionados con la seguridad de los datos, la ciberseguridad y la privacidad. Otro reto político es garantizar que el despliegue de vehículos autónomos no agrave los problemas de equidad social. Es posible que los beneficios de los vehículos autónomos no se distribuyan uniformemente en toda la sociedad, sobre todo si se implantan de forma que sólo sirvan a poblaciones o zonas geográficas concretas. Por ejemplo, los vehículos autónomos podrían agravar aún más la brecha entre las regiones urbanas y rurales, al proporcionar acceso a la movilidad a los habitantes de las ciudades mientras se descuida a las comunidades rurales. Para promover la equidad social, los responsables políticos deben garantizar que los vehículos autónomos sean accesibles a todos los miembros de

81

la sociedad, independientemente de su ubicación, ingresos o capacidades físicas. Esto podría conseguirse mejorando los sistemas de transporte público, poniendo en marcha programas asequibles para compartir viajes o coches, o proporcionando incentivos a los propietarios de coches para que compartan sus vehículos con otras personas. Otro reto político fundamental es la transición a la movilidad sostenible. La aceptación de los coches eléctricos ha sido lenta debido a los problemas de infraestructura, como la falta de estaciones de recarga, y al coste relativamente alto en comparación con los vehículos de gasolina tradicionales. Los gobiernos deberían ofrecer incentivos para la aceptación generalizada de vehículos eléctricos, como créditos fiscales o descuentos para los compradores de estos coches. Los gobiernos también deberían invertir en infraestructura de recarga para permitir un acceso cómodo a la recarga. Mejorar el sistema de transporte público, sobre todo en las zonas urbanas, también podría ayudar a reducir el número de coches en la carretera, lo que conllevaría una disminución de las emisiones y una mejora de la calidad del aire. Los responsables políticos deberían considerar la mejor manera de financiar la transición hacia la movilidad sostenible. En la actualidad, la mayor parte de la financiación de las infraestructuras de transporte procede de los impuestos sobre el combustible y las tasas de matriculación de vehículos. A medida que se popularicen los coches eléctricos y otras formas de transporte sostenible, los ingresos generados por estas fuentes disminuirán significativamente. Los gobiernos deben explorar mecanismos de financiación alternativos, como las tasas por el uso de las carreteras o la tarificación de la congestión, para garantizar la sostenibilidad a largo plazo de la financiación del transporte.

El cambio hacia la movilidad sostenible y la aceptación generalizada de vehículos autónomos son muy prometedores para nuestra sociedad, pero también plantean importantes retos políticos. Los responsables políticos tienen que colaborar estrechamente con las partes interesadas de la industria y el público para desarrollar marcos normativos completos para los vehículos autónomos que garanticen la seguridad y minimicen los riesgos para el público. También tienen que abordar cuestiones de equidad social para garantizar que los beneficios de los vehículos autónomos se distribuyan equitativamente en toda la sociedad. Los gobiernos deben ofrecer incentivos para promover la aceptación de formas sostenibles de movilidad, como los coches eléctricos, e invertir en infraestructuras de apoyo. Los responsables políticos deben explorar mecanismos de financiación alternativos para garantizar la sostenibilidad a largo plazo de la financiación de las infraestructuras de transporte. Si abordamos estos retos políticos, podremos garantizar que el futuro del transporte sea seguro, sostenible y accesible para todos los miembros de la sociedad.

RETOS SOCIALES

Aunque los avances tecnológicos son ciertamente prometedores para el futuro de la movilidad, también hay una serie de retos sociales que deben abordarse para aprovechar plenamente el potencial de los vehículos autónomos y el transporte sostenible. Uno de los más acuciantes es la posibilidad de que aumente la desigualdad económica. A medida que el coste de los vehículos autónomos y de otras opciones de transporte sostenible siga disminuyendo, es probable que las comunidades con bajos ingresos se vean desproporcionadamente afectadas por el abandono de los coches tradicionales y del transporte público. Sin intervenciones políticas adecuadas, estas comunidades pueden quedarse atrás, incapaces de permitirse las últimas opciones de movilidad u obligadas a seguir dependiendo de vehículos más viejos y menos eficientes. Otro reto social que debe abordarse es el impacto que estas nuevas tecnologías tendrán en el empleo. Si bien es cierto que es probable que el desarrollo de vehículos autónomos y otras opciones de transporte sostenible cree nuevos puestos de trabajo en diversas áreas, también es probable que provoque la eliminación de millones de puestos de trabajo en industrias como el transporte por camión, el reparto y el transporte público. A medida que desaparezcan estos empleos, será importante que los responsables políticos y los líderes del sector colaboren para garantizar que los trabajadores reciban la formación y el apoyo necesarios para la transición a nuevas oportunidades de empleo seguro. Un tercer reto social que debe abordarse es la posibilidad de que aumente el aislamiento social. Aunque los vehículos autónomos y otras tecnologías de movilidad pueden hacer que el transporte sea más seguro, eficiente y cómodo que nunca, también pueden aislar aún más a las personas y las comunidades. A medida que más y más personas optan por modos de transporte personalizados y autónomos, es importante considerar las implicaciones sociales y psicológicas de esta tendencia. Sin una inversión significativa en transporte público y otras opciones de movilidad basadas en la comunidad, es posible que algunas personas queden más aisladas socialmente y desconectadas de sus comunidades.

Existe el reto de garantizar que las opciones de transporte sostenible sean accesibles para todos, independientemente de los ingresos, la geografía o la capacidad. Esto requerirá inversiones significativas en infraestructuras y opciones de transporte público que sean sostenibles y asequibles. También requerirá que los responsables políticos den prioridad a las necesidades de las comunidades con bajos ingresos y de las personas con discapacidades en el desarrollo y la aplicación de nuevas tecnologías de transporte. Aunque el desarrollo de coches autónomos y de opciones de transporte sostenible es sin duda emocionante y prometedor, es importante tener en cuenta las implicaciones sociales más amplias de estas tecnologías. Desde la desigualdad económica al desplazamiento laboral, pasando por el aislamiento social y los problemas de accesibilidad, hay una serie de retos que deben abordarse para garantizar que estas nuevas tecnologías satisfagan las necesidades de todos los miembros de la sociedad. Sólo trabajando juntos, con la aportación de expertos, responsables políticos, líderes industriales y miembros del público, podremos crear un sistema de transporte verdaderamente sostenible y equitativo para el siglo XXI y más allá. La llegada de la tecnología ha provocado cambios significativos en la industria del transporte, y con el auge de los coches autónomos y los vehículos eléctricos, el futuro de la movilidad está a punto de experimentar una transformación masiva. Los vehículos autónomos, en particular, están a punto de revolucionar la forma de viajar de las personas, ya que son capaces de conducir por sí mismos sin intervención humana, aumentando así la movilidad y reduciendo los accidentes causados por errores humanos. Con los coches autónomos, las personas que se enfrentaban a limitaciones debidas a la edad, la discapacidad u otros factores pueden disfrutar ahora de mayores opciones de movilidad. En cuanto a la vida urbana, los coches autónomos pueden ayudar a reducir la congestión del tráfico, lo que se traduce en menos estrés, menos muertes por accidentes de tráfico y menos emisiones de carbono. También pueden proporcionar una forma de transporte más eficiente, segura y asequible para las personas de comunidades rurales que carecen de acceso a opciones de transporte público. Además de los efectos positivos de la autonomía, el auge de los vehículos eléctricos también está transformando la movilidad, ya que proporcionan una forma más limpia y sostenible de desplazar personas y mercancías. A diferencia de los automóviles tradicionales que funcionan con gasolina, los vehículos eléctricos funcionan con baterías recargables y no emiten contaminantes por sus tubos de escape. Como resultado, son más respetuosos con el medio ambiente y tienen una huella de carbono menor que los coches de gasolina. Los vehículos eléctricos también ofrecen una conducción más silenciosa y suave, lo que se traduce en una experiencia de conducción más cómoda. Son más eficientes energéticamente que los coches de gasolina, ya que recuperan energía durante el frenado y la utilizan para recargar sus baterías, lo que garantiza que se desperdicie menos energía. Las implicaciones de estos cambios en la industria del transporte van más allá de la mera reducción de la congestión y las emisiones de los vehículos. El auge de los coches autónomos y los vehículos eléctricos tendrá un impacto significativo en la política de transportes, la planificación urbana e incluso el empleo. A medida que aumente el número de coches autónomos, disminuirá la necesidad de infraestructuras antiguas como semáforos y señalización de carriles, y las ciudades podrán incluso rediseñar sus espacios para dar cabida a estos vehículos sin conductor, por ejemplo reduciendo la anchura de las calles, erigiendo barreras para proteger a los peatones y creando carriles exclusivos para los vehículos autónomos. Además, en muchos centros urbanos, el espacio antes dedicado a aparcamientos y garajes puede reutilizarse, liberando valiosos bienes inmuebles para otros usos. En términos de empleo, es probable que el auge de los coches autónomos tenga un impacto significativo en la industria del transporte y en sus empleados. Por ejemplo, los camiones autónomos que transportan mercancías por todo el país pueden eliminar la necesidad de conductores de camiones tradicionales. Esta pérdida de puestos de trabajo puede mitigarse invirtiendo en programas para reciclar a los conductores en otros campos. La llegada de los coches autónomos y los vehículos eléctricos puede dar lugar a la creación de nuevos puestos de trabajo, especialmente en áreas como el desarrollo de software y la ingeniería eléctrica, que serán esenciales para el desarrollo y mantenimiento de estas nuevas tecnologías. A medida que los coches autónomos se hagan más omnipresentes, es probable que provoquen una disminución del número de accidentes causados por errores humanos. Los coches autónomos tendrán la capacidad de comunicarse entre sí, lo que les permitirá evitar colisiones y planificar rutas más eficientes. Esta capacidad podría dar lugar a reducciones significativas del consumo de combustible y de las emisiones, haciendo que la industria del transporte sea más sostenible. Aunque el uso de vehículos autónomos puede reducir el número de coches en la carretera, también abre nuevos mercados para las empresas de viajes compartidos como Uber y Lyft. Al permitir que los conductores se centren en otras tareas durante el trayecto, las empresas de transporte compartido pueden ofrecer a los pasajeros una experiencia más cómoda y eficiente, al tiempo que reducen el impacto medioambiental general del transporte. El auge de los vehículos eléctricos también tendrá implicaciones significativas para nuestro planeta. Con la previsión de que la población mundial crezca hasta casi 10.000 millones en 2050, la demanda de energía y transporte seguirá aumentando. Por ello, la necesidad de pasar a fuentes de energía renovables, como la solar y la eólica, se hará más acuciante, reduciendo nuestra dependencia de los combustibles fósiles. Los vehículos eléctricos pueden dar un impulso significativo a esta transición y desempeñarán un papel esencial en la reducción de las emisiones de gases de efecto invernadero en el sector del transporte. En particular, los vehículos eléctricos propulsados por fuentes de energía renovables pueden reducir significativamente la cantidad de dióxido de carbono liberado a la atmósfera. La aceptación de vehículos eléctricos permitirá a los países reducir su dependencia del petróleo importado, disminuyendo su vulnerabilidad a las crisis de precios.

Está claro que la tecnología está transformando la movilidad, y el auge de los coches autónomos y los vehículos eléctricos va a tener profundas implicaciones para nuestra sociedad y nuestro planeta. Cambiará la forma en que desplazamos a las personas y las mercancías, cómo diseñamos y utilizamos nuestras ciudades y cómo producimos y consumimos energía. Esta transformación exigirá la colaboración entre las distintas partes interesadas, incluidos los responsables políticos, las partes interesadas de la industria y el público. Sólo mediante estos esfuerzos colectivos podrá realizarse todo el potencial de este cambio, haciendo que el transporte sea más eficiente, sostenible y equitativo.

VII. IMPLICACIONES PARA LA SOCIEDAD

Las implicaciones para la sociedad son significativas y polifacéticas. La transición hacia los vehículos autónomos y la movilidad sostenible tendrá repercusiones positivas en varios aspectos de nuestras vidas. En primer lugar, reducirá significativamente la congestión del tráfico, lo que supondrá un uso más eficiente del tiempo y un ahorro de costes. Los vehículos autónomos podrán comunicarse entre sí y optimizar las rutas, lo que minimizará el tiempo de viaje y los recursos consumidos en el tráfico. Los coches autónomos no necesitarán conductores, lo que reducirá la necesidad de grandes estructuras de aparcamiento y espacios de almacenamiento que ocupan terrenos privados y públicos. Los aparcamientos de las zonas populares se reconvertirán en viviendas asequibles y espacios comerciales. En segundo lugar, la movilidad sostenible tendrá implicaciones para el medio ambiente. La creciente demanda de vehículos eléctricos implica una menor dependencia de los combustibles fósiles, lo que inevitablemente reducirá las emisiones de carbono. El paso a las fuentes de energía renovables reducirá la dependencia del petróleo importado y creará nuevas oportunidades de empleo en el sector de la energía limpia. Si integramos paneles solares en nuestras carreteras, podremos generar energía y recargar los coches sobre la marcha, lo que puede reducir significativamente las emisiones de carbono.

En tercer lugar, los vehículos autónomos crearán puestos de trabajo y oportunidades de crecimiento económico. La implantación de sistemas de transporte autónomos y sostenibles requiere el desarrollo de nuevas tecnologías, equipos e infraestructuras. Creará oportunidades de empleo para ingenieros, desarrolladores de software y técnicos necesarios para construir y mantener los sistemas. También podemos esperar un impulso significativo del turismo, ya que los viajeros podrán visitar más lugares en menos tiempo sin los elevados costes de aparcamiento y gasolina. Las pequeñas empresas y las industrias de servicios de los destinos turísticos más populares pueden prosperar al reducirse la preocupación por los robos de coches o los accidentes que suelen ahuyentar a los visitantes. En cuarto lugar, los coches autónomos también pueden abordar problemas sociales críticos. Las personas con discapacidad y las personas mayores que no pueden conducir pueden disfrutar ahora de una mayor movilidad e independencia. Por ejemplo, Uber tiene actualmente en uso sus vehículos autónomos que pueden transportar personas de un lugar a otro sin conductor. Esta tecnología tiene el potencial de revolucionar el transporte público y proporcionar un mejor acceso a quienes viven en zonas rurales. Las implicaciones para la sociedad no son todas positivas. Con cualquier nuevo avance o tecnología, existe un riesgo inherente de consecuencias no deseadas. Es esencial investigar los riesgos de integrar los vehículos autónomos en la sociedad y desarrollar un plan para evitarlos o mitigarlos. Los vehículos autónomos dependen totalmente del software y de las entradas de los sensores, lo que los hace vulnerables a los ciberataques. La necesidad de desarrollar medidas de ciberseguridad y directrices de seguridad impenetrables significa que hay que implantar una tecnología robusta para evitar la piratería informática. Otro posible riesgo es el potencial desplazamiento de puestos de trabajo, principalmente de conductores, mecánicos y otros profesionales relacionados con la industria del automóvil. Es importante garantizar oportunidades de reciclaje laboral para los trabajadores a medida que nos adentramos en el ecosistema de mayor tecnología de la industria automatizada. La transición a los vehículos eléctricos exigirá cambios sustanciales en las infraestructuras. Los coches eléctricos dependen de estaciones de carga, que necesitan una red dedicada y distribuida para garantizar la máxima movilidad y eficacia. Debemos desarrollar infraestructuras de recarga, similares a los aseos públicos, a intervalos regulares en casi todas las calles. Los gobiernos, las empresas privadas y las organizaciones no gubernamentales deben colaborar para garantizar la disponibilidad generalizada de estaciones de carga. Las estaciones de carga pueden enfrentarse al mismo riesgo de seguridad que los coches autónomos. Un ataque intencionado a nuestra red eléctrica nacional podría paralizar tanto la infraestructura de carga como los vehículos autónomos vulnerables en la carretera. Está la cuestión de la equidad social. Los vehículos autónomos y eléctricos deben estar disponibles y ser accesibles para una amplia gama de grupos socioeconómicos, independientemente de su situación financiera. Debe surgir un marco regulador responsable que obligue e incentive a los fabricantes y operadores de vehículos autónomos y estaciones de recarga a construir y prestar servicio en comunidades de bajos ingresos, minorías y rurales. Estas comunidades deben recibir una parte justa de los beneficios y recursos de la transición, en lugar de quedarse atrás. La integración de los vehículos autónomos y la movilidad sostenible está transformando la movilidad y presentando a nuestra sociedad un futuro desafiante pero apasionante. Las implicaciones de este cambio son polifacéticas, ya que afectará a diversos aspectos de nuestra vida cotidiana, al medio ambiente y a la economía. A medida que avanzamos, debemos proceder con reflexión y deliberación para asegurarnos de que navegamos por esta senda futura con seguridad y sin contratiempos. Los beneficios de la movilidad autónoma y sostenible son significativos, pero debemos actuar apostando por las soluciones más integrales, en lugar de incrementales. Es imperativo considerar cómo mitigar los riesgos potenciales y no dejar a nadie atrás en nuestra transición hacia un futuro más sostenible y con bajas emisiones. Tenemos la oportunidad de redefinir nuestros sistemas de movilidad, y debemos esforzarnos por crear un futuro que sea equitativo, eficiente y accesible.

CAMBIOS EN EL EMPLEO Y LA ECONOMÍA

La llegada de los vehículos autónomos y la movilidad sostenible provocará inevitablemente cambios en el empleo y la economía. Aunque puede que se pierdan algunos puestos de trabajo, se crearán otros a medida que pasemos a una nueva forma de transporte. El paso a los vehículos eléctricos provocará muchos cambios en la industria del automóvil, así como en los sectores del petróleo y la energía. Es posible que las empresas petroleras tengan que pivotar hacia otros productos para seguir siendo relevantes, o plantearse diversificar sus operaciones. Las que se especializan en el mantenimiento de motores de combustión interna pueden tener que reciclar a su personal para mantener vehículos eléctricos, ya que los motores eléctricos requieren habilidades y conocimientos diferentes. El posible cambio hacia una economía compartida, en la que todo el mundo tenga acceso a vehículos autoconducidos, también tiene el potencial de alterar el modelo tradicional de propiedad de automóviles, lo que repercutirá en los puestos de trabajo del sector de la automoción y otros sectores relacionados, como el mantenimiento, la reparación y los seguros. También se están creando nuevos puestos de trabajo como consecuencia de estos avances tecnológicos. La demanda de ingenieros de software y programadores informáticos para diseñar y mantener los algoritmos y el software utilizados en los coches autoconducidos está aumentando rápidamente. A medida que el transporte se hace más sostenible, pueden aumentar los empleos en energías renovables y tecnologías limpias. El diseño y la fabricación de vehículos eléctricos e infraestructuras, como las estaciones de recarga, también requerirán una mano de obra cualificada. Estos cambios en la economía también tienen implicaciones para la sociedad en general. La transición a los vehículos autónomos podría tener importantes repercusiones en el transporte público, tanto positivas como negativas. Por un lado, podría proporcionar una mayor accesibilidad, sobre todo en zonas donde el transporte público es inadecuado o inexistente. Por otro lado, también podría afectar negativamente a los servicios de transporte público, ya que su demanda podría disminuir con el auge de los coches autónomos. Esto podría dar lugar a menos opciones de transporte público en determinadas zonas, y a una posible disminución del empleo en puestos de trabajo relacionados con el transporte público. También es probable que la evolución hacia una movilidad sostenible tenga repercusiones de gran alcance en la sociedad. El transporte contribuye significativamente a las emisiones de gases de efecto invernadero, y el cambio hacia los vehículos eléctricos las reducirá en gran medida. Esto conllevará beneficios medioambientales como un aire más limpio, mejores resultados para la salud pública y una reducción de las emisiones de carbono. Las ciudades que dependen del transporte público obtendrán enormes beneficios del cambio hacia la movilidad sostenible. A medida que disminuya el coste de los vehículos eléctricos, será más viable que los servicios de taxi y de transporte compartido se pasen a los vehículos eléctricos, reduciendo aún más las emisiones y la dependencia de los combustibles fósiles. Con la creciente popularidad de los servicios de transporte compartido, esto también podría ayudar a reducir la congestión en las ciudades. Cabe señalar que la implantación inmediata de los vehículos autónomos podría, a corto plazo, provocar un aumento de la congestión, ya que a la gente le resulta más fácil y cómodo conducir. Más allá de las preocupaciones medioambientales y económicas, también hay retos sociales que debemos considerar. Un reto importante es garantizar que todos los miembros de la sociedad tengan acceso a estas nuevas tecnologías y a los beneficios que ofrecen. Aunque es probable que los coches autoconducidos tengan un precio elevado al principio, con el tiempo serán menos caros y más accesibles. Hay que prestar mucha atención a que el coste no sea la única barrera de entrada para las comunidades desfavorecidas y marginadas. También está la cuestión de la privacidad y la seguridad en los sistemas interconectados. La llegada de los coches autoconducidos suscita preocupación en torno a la ciberseguridad y a la posibilidad de que los piratas informáticos accedan a los datos personales y a los sistemas de seguridad. La privacidad de las personas que utilizan estos vehículos también es motivo de preocupación, ya que aún no está claro cómo se utilizarán y gestionarán los datos recogidos por los vehículos autónomos. Equilibrar las ventajas de la interconectividad con la necesidad de privacidad y seguridad será probablemente un reto permanente. La llegada de los vehículos autónomos y de la movilidad sostenible está transformando tanto la economía como la sociedad en su conjunto. Aunque el cambio a los vehículos eléctricos podría provocar pérdidas de empleo en determinados sectores, también presenta nuevas oportunidades de crecimiento en otros. A medida que avanzamos hacia una economía compartida y una mayor interconectividad, surgen retos en torno a garantizar que nadie se quede atrás y proteger la privacidad y la seguridad. A mayor escala, el cambio hacia una movilidad sostenible tiene el potencial de beneficiar enormemente al medio ambiente, las ciudades y la salud pública, pero debe hacerse de forma que sea accesible y sostenible para todos los miembros de la sociedad. Para garantizar que se obtienen todos los beneficios de los vehículos autónomos y la movilidad sostenible, es vital que consideremos detenidamente las implicaciones económicas, sociales y medioambientales de estas tecnologías y trabajemos para conseguir soluciones equitativas y sostenibles.

CAMBIOS EN LA PLANIFICACIÓN URBANA Y EN LAS INFRAESTRUCTURAS

Mientras las ciudades siguen lidiando con unas carreteras cada vez más congestionadas, deben considerar cómo la tecnología puede revolucionar la infraestructura y los sistemas de transporte. La aceptación de vehículos autónomos y el crecimiento de la electrificación exigirán un replanteamiento de la planificación urbana. Por ejemplo, las ciudades tendrán que rediseñar sus calles para acomodar mejor los vehículos autónomos y promover modos de transporte sostenibles como la bicicleta y los desplazamientos a pie. El desarrollo de una red de vehículos autónomos exigirá modificaciones en la red viaria existente, como la inclusión de carriles exclusivos e infraestructura de datos en tiempo real. Las zonas urbanas necesitarán desplegar modos de transporte más sostenibles, como los vehículos eléctricos (VE), para combatir los peligrosos niveles de contaminación atmosférica causados por los vehículos tradicionales. A medida que la tecnología de los VE siga progresando en eficiencia y autonomía, y se construya la infraestructura de recarga, es esencial que las ciudades ayuden a sus residentes a abandonar los vehículos tradicionales. Esto puede incluir el desarrollo de estaciones de carga en espacios públicos, incentivos a la compra de VE y subvenciones a los sistemas de transporte público. Estos cambios en la planificación y las infraestructuras urbanas son esenciales para crear un sistema de transporte sostenible y eficiente. El desarrollo de estos cambios requerirá una cuidadosa consideración por parte de los responsables políticos y los planificadores urbanos. También debe solicitarse la opinión de los ciudadanos para garantizar que se satisfacen sus necesidades en el proceso de desarrollo.

CAMBIOS EN LOS HÁBITOS DE TRANSPORTE

A medida que las ciudades siguen expandiéndose, el problema de la congestión del tráfico y la contaminación se hace cada vez más acuciante. Con la llegada de los vehículos autónomos y la movilidad sostenible, ahora existe la esperanza de un futuro más sostenible. Los vehículos eléctricos ya han ganado terreno en el mercado, y grandes empresas automovilísticas como Tesla y Nissan han sacado al mercado modelos eléctricos en los últimos años. Estos coches no emiten gases de escape, lo que reduce la cantidad de gases de efecto invernadero liberados a la atmósfera. Además, los vehículos autónomos tienen el potencial de revolucionar nuestra forma de enfocar el transporte. Al permitir que los coches se comuniquen entre sí y se adapten a las cambiantes pautas del tráfico, los vehículos autónomos tienen el potencial de reducir significativamente la congestión del tráfico. Esto, a su vez, podría reducir el consumo de combustible y el número de emisiones liberadas a la atmósfera. Lograr un futuro sostenible requiere algo más que la aceptación de nuevas tecnologías. También debemos cambiar nuestros comportamientos y actitudes hacia el transporte. Hay que fomentar el uso compartido del coche y la bicicleta como medio de reducir el número de coches en la carretera. También debemos replantearnos cómo enfocamos la planificación urbana. Diseñando ciudades que den prioridad a los desplazamientos a pie y en bicicleta, podemos reducir nuestra dependencia del automóvil y crear comunidades más habitables. Los cambios en los hábitos de transporte que estamos presenciando hoy pueden tener profundas implicaciones para nuestra sociedad y nuestro planeta. Si adoptamos la movilidad sostenible y reducimos nuestra dependencia de los coches tradicionales, podremos crear un mundo más limpio y habitable para las generaciones venideras. El rápido ritmo de la innovación y los avances tecnológicos han transformado todos los aspectos de nuestras vidas, incluidos la movilidad, el transporte y la sostenibilidad. Hoy tenemos una plétora de opciones a la hora de elegir el modo de transporte: vehículos tradicionales, coches eléctricos, transporte público e incluso coches autoconducidos. Los vehículos autónomos están transformando el panorama del transporte al proporcionar un nuevo nivel de comodidad, seguridad y eficiencia. Uno de los beneficios más significativos de los coches autónomos es la importante reducción del número de accidentes, ya que la mayoría de las colisiones se deben a errores humanos. Los coches autónomos pueden reducir drásticamente la congestión del tráfico, con la consiguiente disminución de las emisiones de carbono y del consumo de combustible. Así, la aceptación de vehículos autónomos contribuiría a la movilidad sostenible, que es esencial para el futuro de nuestro planeta. Los vehículos eléctricos se están haciendo más populares que nunca, y las iniciativas del gobierno mundial están impulsando esta tendencia. El cambio hacia los coches eléctricos es beneficioso de varias maneras. En primer lugar, los coches eléctricos emiten menos gases nocivos que los vehículos tradicionales, lo que supone una mejora de la calidad del aire y beneficios para la salud de la población. En segundo lugar, el uso de coches eléctricos puede ayudar a reducir nuestra dependencia de los combustibles fósiles, que son un recurso finito y pueden ser costosos a largo plazo. Los coches eléctricos suelen ser más rentables a largo plazo debido a sus menores costes operativos: cargar un vehículo eléctrico es sustancialmente más barato que llenar un depósito de gasolina. La creciente aceptación de vehículos eléctricos requerirá el desarrollo de fuentes de energía verde para alimentarlos. Por ejemplo, el uso de energía solar y eólica compensará el impacto medioambiental de la generación de electricidad. El uso creciente de coches eléctricos es un paso crucial hacia un mundo más sostenible. La tecnología ha permitido el desarrollo de soluciones de movilidad compartida, que están cambiando nuestra forma de viajar. Los modos de transporte de economía compartida, como los servicios de bicicletas compartidas, viajes compartidos y coches compartidos, son cada vez más populares en todo el mundo. Estas soluciones resuelven el problema del espacio limitado de aparcamiento, reducen la congestión del tráfico y disminuyen las emisiones de gases de efecto invernadero. Las opciones de movilidad compartida pueden ser más asequibles que poseer un vehículo personal, lo que las convierte en una opción atractiva para los grupos de renta baja y media. La proliferación de soluciones tecnológicas en el sector del transporte también tiene el potencial de alterar las normas sociales y las interacciones sociales. Por ejemplo, los coches autoconducidos pueden provocar una reducción significativa del número de conductores en la carretera, lo que llevaría a una disminución de la necesidad de permisos de conducir. El auge de los servicios de transporte compartido bajo demanda puede alterar los servicios de transporte público, como los taxis, reconfigurando así el panorama del transporte. La aceptación de vehículos autónomos y movilidad sostenible también tiene implicaciones sociales. Por ejemplo, los coches autónomos podrían hacer más accesible la movilidad a las personas que no pueden conducir por razones de edad, discapacidad o limitaciones económicas. En particular, los vehículos autónomos pueden aportar importantes beneficios a las personas mayores, que experimentan un mayor riesgo de accidentes y pérdida de independencia. El transporte sostenible también amplía el acceso al empleo, los servicios sanitarios y la educación de las comunidades desfavorecidas, además de reducir las desigualdades socioeconómicas en el acceso a los medios de transporte. Las soluciones de movilidad sostenible pueden fomentar la actividad física, como caminar y montar en bicicleta, lo que, a su vez, beneficia a la salud pública. Un cambio hacia la movilidad sostenible también puede reducir el riesgo de obesidad, enfermedades cardiacas, mentales y diabetes, lo que se traduce en una población más sana y una menor carga para el sistema sanitario. Es probable que la tendencia a la movilidad sostenible repercuta en la planificación y el desarrollo urbanos a largo plazo. Las ciudades y los urbanistas pueden aprovechar los datos generados por los sistemas de movilidad inteligente para optimizar el desarrollo urbano y mejorar la sostenibilidad de los entornos urbanos. En particular, la incorporación de soluciones de transporte sostenible puede ayudar a las ciudades a desarrollar barrios y comunidades eficientes, habitables y sostenibles. El rápido ritmo de los avances tecnológicos en el sector de la movilidad está transformando todos los aspectos de nuestras vidas. El cambio hacia vehículos autónomos, coches eléctricos, soluciones de movilidad compartida y transporte sostenible tiene implicaciones significativas para nuestra sociedad y nuestro planeta. Estos avances tienen el potencial de aumentar la seguridad, reducir la congestión del tráfico, promover la salud pública, mejorar la calidad del aire y reducir las emisiones de carbono. Es esencial adoptar estas innovaciones y trabajar para construir un mundo sostenible cuyo núcleo sean los sistemas de movilidad eficientes.

VIII. IMPLICACIONES PARA EL MEDIO AMBIENTE

Las implicaciones potenciales de la aceptación generalizada de los vehículos autónomos son de gran alcance, sobre todo en términos de su impacto sobre el medio ambiente. Aunque la tecnología que hay detrás de los vehículos autónomos promete hacer el transporte más seguro, eficiente y cómodo, también presenta una serie de retos medioambientales que deben considerarse y abordarse cuidadosamente. Ante todo, los vehículos autónomos tienen el potencial de reducir significativamente las emisiones de gases de efecto invernadero del transporte, sobre todo si funcionan con fuentes de energía renovables como la eólica y la solar. Esta reducción potencial de las emisiones no es en absoluto un hecho, y dependerá en gran medida de cómo se diseñen y apliquen los vehículos autónomos. Por ejemplo, si los vehículos autónomos se utilizan principalmente para viajes en solitario, o si dependen de combustibles fósiles para su alimentación, las emisiones podrían aumentar. Hay que prestar mucha atención a las políticas que incentiven el uso de vehículos eléctricos o impulsados por hidrógeno, así como a la construcción de la infraestructura de recarga necesaria para apoyarlos. Otro beneficio medioambiental potencial de los vehículos autónomos reside en su capacidad para optimizar el flujo del tráfico y reducir la congestión. Al comunicarse entre sí y con los sistemas de gestión del tráfico, los vehículos autónomos podrían reducir en gran medida el tiempo que pasan parados en el tráfico, lo que a su vez podría suponer una reducción significativa tanto del consumo de combustible como de las emisiones. Los vehículos autónomos también podrían diseñarse para minimizar su impacto medioambiental incorporando funciones como el frenado regenerativo, que capta la energía que normalmente se pierde durante el frenado y la devuelve a la batería del vehículo, reduciendo así la necesidad de recargas frecuentes.

También hay una serie de riesgos y retos asociados a la aceptación generalizada de vehículos autónomos. Uno de los principales riesgos es que podrían provocar un aumento de los kilómetros recorridos por los vehículos (VMT), ya que la gente puede recorrer distancias más largas con mayor facilidad y comodidad. Esto, a su vez, podría provocar un aumento de la congestión, que no sólo agrava la contaminación atmosférica, sino que también reduce la eficiencia del sistema de transporte. Para evitar este resultado, será importante garantizar la aplicación de políticas que fomenten el uso de opciones de movilidad compartida, como el transporte público, los servicios de transporte compartido y las bicicletas eléctricas, así como políticas que animen a las personas a vivir más cerca de sus lugares de trabajo. Otro reto potencial asociado a los vehículos autónomos es la cuestión de la integración vehículo-red (V2G). La tecnología V2G permite a los vehículos eléctricos servir como una especie de sistema de almacenamiento de energía distribuido, permitiéndoles descargar electricidad de nuevo en la red durante los picos de demanda o cuando las fuentes de energía renovables, como la eólica y la solar, están generando un exceso de energía. Aunque los beneficios potenciales de la integración V2G son significativos, requerirá el desarrollo de nuevas infraestructuras y marcos normativos para hacerse realidad. También está la cuestión de la ciberseguridad y el riesgo de piratería informática. Como ocurre con cualquier tecnología conectada, existe el peligro de que los vehículos autónomos se vean comprometidos por agentes malintencionados, lo que podría provocar accidentes u otras situaciones peligrosas. Esto pone de relieve la necesidad de incorporar sistemas de ciberseguridad robustos en el diseño de estos vehículos desde el principio.

La aceptación generalizada de vehículos autónomos presenta tanto oportunidades como retos significativos para el medio ambiente. Aunque los beneficios potenciales en términos de reducción de emisiones y mejora de la fluidez del tráfico son significativos, también existen riesgos asociados a un aumento de las VMT y a la necesidad de medidas sólidas de ciberseguridad. El éxito de los vehículos autónomos a la hora de hacer realidad su potencial como solución de movilidad sostenible dependerá en gran medida del desarrollo de políticas e infraestructuras de apoyo, así como del ingenio de los ingenieros, diseñadores y planificadores que darán forma al futuro del transporte.

REDUCCIÓN DE LAS EMISIONES DE GASES DE EFECTO INVERNADERO

Una de las implicaciones más significativas de la tecnología que transforma la movilidad es que permite reducir las emisiones de gases de efecto invernadero. El sector del transporte es uno de los que más contribuyen a las emisiones de gases de efecto invernadero, ya que representa aproximadamente el 14% de las emisiones mundiales. La transición a los vehículos eléctricos (VE) y a los vehículos autónomos (VA) brinda la oportunidad de reducir drásticamente las emisiones, sobre todo si estos vehículos se impulsan con fuentes de energía renovables, como la eólica o la solar. Los VE no producen emisiones del tubo de escape como sus homólogos de gasolina y gasóleo, y la transición continuada al uso de VE promete reducir la cantidad de dióxido de carbono liberado a la atmósfera, frenando así el ritmo del calentamiento global. Mientras tanto, los VA pueden optimizar las rutas y reducir el tráfico, lo que en última instancia se traduce en menos emisiones. Con los VA, los coches podrían utilizarse de forma más eficiente para compartir trayectos, aumentando el número de pasajeros por vehículo y reduciendo el número de vehículos en la carretera. Los beneficios de esta reducción de las emisiones de gases de efecto invernadero son de gran alcance, como la mejora de la calidad del aire, la reducción de los costes de salud pública y la estabilidad medioambiental a más largo plazo. Aunque estos beneficios requieren cambios significativos en los comportamientos personales y sociales, el desarrollo continuado de soluciones de movilidad sostenible en el sector del transporte es prometedor para el futuro de nuestro planeta.

DISMINUCIÓN DE LA CONTAMINACIÓN ATMOSFÉRICA

Una de las ventajas más significativas de los vehículos autónomos y otras opciones de movilidad sostenible es que pueden ayudar a reducir la contaminación atmosférica. En muchas zonas urbanas, las emisiones de los vehículos contribuyen en gran medida al smog y a otros problemas de salud relacionados con la contaminación. Según la Organización Mundial de la Salud (OMS), la contaminación atmosférica es responsable de millones de muertes prematuras al año en todo el mundo. Sin embargo, con el auge de los vehículos eléctricos y autónomos, esta tendencia puede empezar a cambiar. Los coches eléctricos no producen emisiones por sus tubos de escape, lo que los convierte en una alternativa mucho más limpia que los coches tradicionales. Los vehículos autónomos también ofrecen la posibilidad de reducir las emisiones haciendo que la conducción sea más eficiente. Estos vehículos utilizan sensores y algoritmos avanzados para optimizar las rutas, lo que puede ayudar a reducir la congestión, el ralentí y otros factores que contribuyen a la contaminación atmosférica. Estas tecnologías pueden provocar menos accidentes de tráfico, lo que puede reducir las emisiones de los vehículos siniestrados. Además, la integración de opciones de movilidad sostenible, como el uso compartido de bicicletas y el transporte público, puede incentivar a la gente a reducir su dependencia del coche, lo que puede mitigar aún más la contaminación atmosférica. La disminución de la contaminación atmosférica resultante de las soluciones de movilidad sostenible tiene el potencial de mejorar la salud y el bienestar de las personas de todo el mundo.

IMPACTO SOBRE LOS RECURSOS NATURALES

El impacto del transporte en los recursos naturales no puede ignorarse, ya que ha sido una de las principales razones de los problemas medioambientales globales y del cambio climático. Se ha demostrado que los medios de transporte tradicionales, como coches, autobuses y camiones, contribuyen al deterioro de la calidad del aire y del agua, a la degradación del suelo y a la deforestación. El crecimiento de los vehículos autónomos y de la movilidad sostenible ha demostrado que esta tendencia podría invertirse. Los vehículos autónomos están cambiando la forma en que la gente se desplaza, y están creando nuevas oportunidades para la conservación de la energía y la utilización eficiente de los recursos. Los vehículos eléctricos, por ejemplo, reducen la dependencia de los combustibles fósiles, y ayudan a disminuir las emisiones de CO_2, lo que contribuye a la reforestación, a una mejor calidad del aire y a una menor contaminación del agua. Uno de los mayores impactos de los vehículos autónomos y la movilidad sostenible sobre los recursos naturales es su capacidad para reducir las emisiones de carbono. Los vehículos autónomos tienen el potencial de reducir significativamente la cantidad de emisiones de carbono del sector del transporte, que representa casi una cuarta parte de las emisiones mundiales de carbono. La sostenibilidad es un aspecto importante de los vehículos autónomos, ya que están equipados con una serie de sensores que ayudan a los conductores a tomar decisiones más informadas sobre la conducción. Por ejemplo, pueden optimizar los flujos de tráfico y reducir el tiempo al ralentí, lo que ayuda a reducir las emisiones y ahorrar energía. La sostenibilidad se ha convertido en una prioridad en el proceso de fabricación de vehículos eléctricos, en el que los fabricantes de automóviles trabajan para diseñar baterías más eficientes energéticamente. A medida que aumente el número de personas que utilicen vehículos eléctricos, habrá más demanda de fuentes de energía renovables para recargarlos, lo que conducirá a una mayor reducción del uso de combustibles fósiles. Otro impacto de los vehículos autónomos y la movilidad sostenible es su potencial para reducir la congestión del tráfico. El uso de vehículos autónomos conectados entre sí y a los sistemas de gestión del tráfico podría ayudar a reducir la congestión de las carreteras, lo que a su vez reduciría el consumo global de recursos. Al reducir la congestión del tráfico, los vehículos podrán circular a una velocidad mucho mayor, lo que significaría que se pasa menos tiempo esperando a que haya tráfico y más tiempo viajando. Como resultado, se reducen las emisiones de carbono, el consumo de combustible y la necesidad de más infraestructuras de transporte, lo que redundaría en la conservación de los recursos naturales. La movilidad sostenible afecta a la forma en que diseñamos nuestras ciudades y la infraestructura de transporte público. Los vehículos autónomos, por ejemplo, ofrecen oportunidades para transformar el sector del transporte mediante innovaciones como los sistemas de movilidad compartida, que se traducirán en una reducción de la propiedad de vehículos, un menor número de desplazamientos y una mayor eficiencia. Además, existe la posibilidad de diseñar ciudades en torno a los vehículos autónomos. En tal escenario, las ciudades pueden incluir menos espacio para aparcar, y habrá más espacios para compartir bicicletas y para peatones. Esto conducirá a una mejor calidad del aire y del agua, a una menor deforestación debido al menor número de autopistas, y a una planificación del transporte más sostenible. Existen algunas preocupaciones sobre el impacto de los vehículos autónomos en los recursos naturales, como la extracción de metales raros necesarios para la producción de baterías, que podría provocar la degradación del medio ambiente. La producción de metales raros es un proceso largo y complejo que implica el uso de una cantidad significativa de recursos, energía y agua. Además, la eliminación de las pilas también podría tener un impacto negativo en el medio ambiente. La falta de una infraestructura adecuada para la eliminación de las pilas podría provocar residuos tóxicos y contaminación. Estos problemas pueden mitigarse mediante un mejor reciclaje de las baterías, reduciendo su consumo y mejorando su vida útil, así como utilizando fuentes más sostenibles para los metales necesarios para su fabricación. La llegada de los vehículos autónomos y la movilidad sostenible tiene el potencial de influir significativamente en los recursos naturales de forma positiva. El cambio hacia los vehículos eléctricos, los sistemas de movilidad compartida y el transporte colectivo puede reducir las emisiones de carbono, disminuir la congestión del tráfico y mejorar la calidad del aire y del agua. Por ello, es necesaria la colaboración entre las distintas partes interesadas del sector del transporte, junto con los organismos gubernamentales y los grupos ecologistas, para garantizar que se tiene en cuenta el impacto sobre los recursos naturales a la hora de diseñar vehículos autónomos y sistemas de movilidad sostenible. La protección de los recursos naturales es necesaria para garantizar que la sociedad pueda seguir funcionando de un modo sostenible que no cause daños irreversibles a nuestro planeta. El auge de los vehículos autónomos y la movilidad sostenible está transformando el transporte tal y como lo conocemos. Los vehículos autónomos, también conocidos como coches que se conducen solos, tienen el potencial de reducir los accidentes de tráfico y aumentar la eficiencia del transporte, mientras que los vehículos eléctricos ofrecen un modo de transporte limpio y sostenible. La convergencia de estas dos tendencias está creando una nueva era de la movilidad, con profundas implicaciones para la sociedad y el planeta. Por un lado, el auge de los vehículos autónomos podría tener un impacto significativo en nuestra forma de vivir, trabajar y viajar. Sin necesidad de conductores, podría reducirse el tiempo de desplazamiento y minimizarse la congestión del tráfico. Los coches autónomos podrían ayudar a las personas mayores o discapacitadas que no pueden conducir, permitiéndoles viajar de forma independiente y segura. Por otra parte, la llegada de los vehículos eléctricos podría reducir nuestra dependencia de los combustibles fósiles, combatir el cambio climático y mejorar la calidad del aire, sobre todo en las zonas urbanas, donde las emisiones de los coches contribuyen de forma significativa a la contaminación. El funcionamiento de los vehículos eléctricos es más barato, con menores costes de mantenimiento, menores costes de combustible y rebajas fiscales o incentivos a la compra, lo que los hace más accesibles a una gama más amplia de consumidores. Como ocurre con cualquier tecnología, es probable que haya algunos retos en la aceptación de los vehículos autónomos y eléctricos. Por ejemplo, es posible que haya que abordar las preocupaciones sobre seguridad, responsabilidad, privacidad y ciberseguridad antes de que pueda producirse una aceptación generalizada. La transición a los vehículos eléctricos requerirá una inversión significativa en infraestructura de recarga y el desarrollo de nuevas tecnologías, como baterías con mayor autonomía y tiempos de recarga más cortos. A pesar de estos retos, es probable que continúe la tendencia hacia los vehículos autónomos y la movilidad sostenible, impulsada por los avances tecnológicos, los cambios en las preferencias de los consumidores y la necesidad de abordar los problemas medioambientales. Como resultado, podemos esperar ver cambios significativos en la forma en que viajamos y vivimos en los próximos años, con beneficios y retos para la sociedad y el planeta.

IX. EL PAPEL DEL GOBIERNO

A medida que la industria automovilística continúa su transición hacia una movilidad sostenible y autónoma, el papel del gobierno en la configuración del futuro del transporte se ha vuelto más crucial que nunca. Las políticas y normativas gubernamentales tienen el poder de influir significativamente en la tasa de aceptación de vehículos eléctricos y autónomos, al tiempo que promueven modos de transporte más sostenibles. A lo largo de los años, los gobiernos de todo el mundo han introducido diversos incentivos y subvenciones para fomentar el uso de vehículos eléctricos y han eliminado gradualmente las subvenciones que apoyan a los vehículos de gasolina y diésel. Los gobiernos también se han comprometido a reducir las emisiones de carbono del transporte, que contribuye de forma significativa a las emisiones mundiales de gases de efecto invernadero. Para cumplir estos compromisos, los gobiernos están fomentando el uso de vehículos eléctricos, ofreciendo exenciones fiscales a los fabricantes o compradores de dichos vehículos, y desarrollando infraestructuras de recarga. El papel de los gobiernos es igualmente esencial para configurar la tasa de aceptación de los vehículos autónomos. A medida que avanza la tecnología de los vehículos autónomos, los gobiernos se esfuerzan por establecer políticas y normativas que regulen su implantación segura y eficaz. Hay muchas cuestiones que las políticas y normativas gubernamentales deben tener en cuenta, como la privacidad de los datos, las consideraciones éticas y el impacto en el empleo. Por ejemplo, los gobiernos tienen que asegurarse de que los vehículos autónomos no provoquen la pérdida de puestos de trabajo entre los conductores, y trabajar en estrategias de reciclaje o mejora de las cualificaciones de los afectados. Los gobiernos también tienen que asegurarse de que los vehículos autónomos se integren en los sistemas de transporte público existentes y fomenten la movilidad compartida y activa. Además, los gobiernos deben tener en cuenta las medidas y normas de seguridad, las cuestiones de responsabilidad y la ciberseguridad en la implantación de la tecnología de los vehículos autónomos. Es vital que los responsables políticos reconozcan el importante potencial que ofrecen los vehículos eléctricos y autónomos para reducir las emisiones de carbono, mejorar la calidad del aire y promover la movilidad sostenible. Es crucial que los gobiernos colaboren estrechamente con las partes interesadas de la industria, el mundo académico y la sociedad civil para desarrollar políticas y normativas que apoyen la innovación y el desarrollo de estas tecnologías, incorporando al mismo tiempo una perspectiva social y medioambiental. El futuro del transporte reside en la movilidad sostenible y autónoma. La aceptación de vehículos eléctricos y autónomos no sólo es esencial para reducir las emisiones de carbono, sino también para mejorar la calidad del aire y promover modos de transporte sostenibles. La industria del automóvil, los gobiernos, el mundo académico y la sociedad civil tienen un papel que desempeñar en la configuración del futuro del transporte. Las partes interesadas de la industria tienen que seguir innovando y desarrollando tecnologías que promuevan la movilidad sostenible y autónoma. Los gobiernos tienen que establecer políticas y normativas que promuevan la aceptación de estas tecnologías, incorporando al mismo tiempo consideraciones sociales y medioambientales. El mundo académico y la sociedad civil tienen que seguir investigando y educando sobre el impacto de la movilidad sostenible y autónoma. La integración de los vehículos eléctricos y autónomos en nuestra vida cotidiana es un paso crucial hacia un futuro de la movilidad más sostenible, eficiente y accesible.

APLICACIÓN DE POLÍTICAS PARA LOS VEHÍCULOS AUTÓNOMOS Y LA MOVILIDAD SOSTENIBLE

Al considerar la aplicación de políticas relativas a los vehículos autónomos y la movilidad sostenible, es importante tener en cuenta las posibles repercusiones sobre la sociedad y el planeta en su conjunto. En cuanto a los vehículos autónomos, hay muchos beneficios, como el aumento de la seguridad, la eficiencia y la reducción de la congestión del tráfico. También hay riesgos que deben tenerse en cuenta, como la ciberseguridad y los problemas de responsabilidad, que podrían ralentizar la aceptación de los vehículos autónomos. Preocupa que el desplazamiento de los conductores humanos pueda afectar a las tasas de empleo y a la economía en su conjunto. En cuanto a la movilidad sostenible, la aceptación de vehículos eléctricos y el uso de fuentes de energía renovables pueden reducir en gran medida nuestra huella de carbono y mitigar los efectos del cambio climático. La producción y eliminación de baterías, así como las fuentes de energía utilizadas en la producción de electricidad, no son necesariamente procesos respetuosos con el medio ambiente. Es importante que las políticas tengan en cuenta todo el ciclo de vida de estas tecnologías, desde la producción hasta la eliminación, para garantizar que sean lo más sostenibles posible. La aplicación de políticas para los vehículos autónomos y la movilidad sostenible debe equilibrar los posibles beneficios con los posibles riesgos y aspirar a una transición sostenible y equitativa hacia el futuro del transporte.

FINANCIACIÓN DE LA INVESTIGACIÓN Y EL DESARROLLO

El desarrollo y la implantación de sistemas de transporte sostenibles que reduzcan las emisiones de carbono, la contaminación acústica y la dependencia de los combustibles fósiles requieren importantes cantidades de inversión. Las asociaciones público-privadas, las iniciativas gubernamentales y los incentivos fiscales son sólo algunas de las formas de obtener financiación para facilitar la investigación y el desarrollo en este ámbito. El sector público puede desempeñar un papel fundamental en la financiación de proyectos de investigación que contribuyan al avance de la movilidad sostenible. El sector privado también puede invertir en investigación y desarrollo avanzados en este campo para aportar beneficios a sus empresas, como la reducción de costes. Un ejemplo de iniciativas gubernamentales para incentivar la investigación y el desarrollo es la Oficina de Tecnologías de Vehículos del Departamento de Energía de Estados Unidos, que proporciona financiación para proyectos de investigación destinados a hacer avanzar la movilidad sostenible. La Unión Europea también ofrece subvenciones y oportunidades de financiación para la investigación sobre vehículos eléctricos y movilidad inteligente. La financiación por sí sola no basta para desarrollar con éxito la movilidad sostenible. La colaboración entre múltiples industrias, como el transporte, la energía y las telecomunicaciones, también es esencial para una transición sin fisuras hacia sistemas de transporte sostenibles. El éxito de la movilidad sostenible en el futuro dependerá en gran medida de la financiación y la colaboración de organizaciones con el propósito compartido de conseguir redes de transporte neutras en carbono.

COLABORACIÓN CON EL SECTOR PRIVADO

La colaboración con el sector privado es indispensable para lograr un futuro sostenible y próspero del transporte. Los avances tecnológicos en la industria automovilística han sido pioneros en el paso de los vehículos de gasolina a los eléctricos. La infraestructura necesaria para sostener el creciente número de vehículos eléctricos en la carretera está aún en fase de desarrollo, y el sector privado puede desempeñar un papel vital en la creación de estaciones de carga y en el aumento de la accesibilidad de los VE. El despliegue de vehículos autónomos requerirá la colaboración entre el gobierno y el sector privado para garantizar la seguridad y la regulación. La tecnología de los vehículos autónomos provoca cambios rápidos en la industria del transporte, y las empresas privadas han estado a la vanguardia de este cambio. Empresas como Tesla, Google y Uber han invertido miles de millones de dólares en investigación y desarrollo para conseguir vehículos autónomos operativos. Sus conocimientos e innovaciones en la industria son fundamentales para reforzar este avance. Es imperativo que los responsables políticos creen un entorno que incentive la inversión de la industria privada en infraestructuras, actividades de investigación y desarrollo, y cumplimiento de la normativa. Las empresas automovilísticas deben asociarse con los gobiernos para construir la infraestructura necesaria para los vehículos eléctricos y autónomos, que incluye estaciones de carga, Internet de alta velocidad y redes 5G, sensores y análisis de datos. A medida que avanza la tecnología, la colaboración con el sector privado se hace aún más

129

crítica para promover un mejor uso de los vehículos eléctricos y autónomos. La colaboración con el sector privado es necesaria para garantizar que la innovación, la seguridad y la sostenibilidad medioambiental se complementen mutuamente. Las políticas que estimulan la colaboración industrial en la investigación y el desarrollo de baterías eléctricas y sistemas de carga son especialmente esenciales para garantizar el desarrollo de una tecnología de vehículos eléctricos más sofisticada y rentable. La cooperación y colaboración con el sector privado allanaría el camino para la aceptación generalizada de vehículos eléctricos y autónomos para un futuro más ecológico y sostenible para todos. El futuro del transporte ya no es un sueño lejano, sino una realidad inminente que se está actualizando gracias a los avances tecnológicos. Uno de los más notables de estos avances tecnológicos es el desarrollo de vehículos autónomos, que tienen el potencial de revolucionar la forma en que viajamos y transportamos mercancías. Los coches autónomos ofrecen varias ventajas, como una mayor eficiencia en el consumo de combustible, una reducción del tiempo de viaje y una mayor seguridad vial. El aspecto de la seguridad de los vehículos autónomos es especialmente digno de mención, ya que tiene el potencial de salvar millones de vidas debido a la disminución de los errores humanos. Los vehículos autónomos funcionan con baterías eléctricas, lo que significa que contribuirán en gran medida a la movilidad sostenible. Al alejarse de los combustibles fósiles y acercarse a fuentes de energía alternativas, los vehículos autónomos pueden ayudar a mitigar los impactos del cambio climático. Hay algunos retos que deben abordarse antes de que los vehículos autónomos puedan implantarse a gran escala. Estos retos incluyen la normativa, el coste de la tecnología y la aceptación social. Se necesita una normativa coherente y armonizada que garantice la seguridad tanto de los pasajeros como del público en general. El coste de implantación de esta nueva tecnología, incluida la infraestructura necesaria para soportarla, será significativo. La aceptación social será fundamental para el éxito de la implantación de la tecnología. La gente puede ser reacia a confiar en los coches autoconducidos, y necesitará tiempo para adaptarse a la nueva tecnología. No obstante, a medida que avanzamos hacia un mundo cada vez más urbanizado, los coches autónomos tienen el potencial de transformar en gran medida el transporte urbano y permitirnos crear ciudades más habitables y sostenibles. Al mejorar la calidad del aire, reducir la congestión del tráfico y mejorar la seguridad, los vehículos autónomos y la movilidad sostenible en general pueden tener importantes repercusiones medioambientales y sociales.

X. EL PAPEL DE LA INDUSTRIA

No se puede exagerar el papel de la industria en la configuración del futuro del transporte. A medida que el mundo avanza hacia formas de movilidad más limpias y sostenibles, corresponde a los agentes de la industria liderar la innovación y la investigación. Por ejemplo, el desarrollo de vehículos eléctricos (VE) es uno de los avances más significativos hacia el transporte sostenible, y la industria automovilística ha estado a la vanguardia de este cambio. Empresas como Tesla, Nissan y General Motors han invertido miles de millones de dólares en investigación y desarrollo, instalaciones de producción y marketing para promover los VE. Estas empresas han formado asociaciones estratégicas con gobiernos, empresas de servicios públicos y otras partes interesadas del sector del transporte para garantizar una transición fluida hacia la movilidad eléctrica. Hay que seguir trabajando para mejorar la accesibilidad y asequibilidad de los VE en el mercado, y aquí es donde los agentes de la industria pueden desempeñar un papel fundamental. Aparte de los VE, el despliegue de vehículos autónomos (VA) es otra área en la que el papel de la industria es fundamental. Los VA tienen el potencial de transformar el transporte de forma significativa, desde la mejora de la seguridad hasta la reducción de la congestión del tráfico y la mejora de la movilidad de las personas que no pueden conducir. El desarrollo de los VA ha atraído a una serie de participantes, como fabricantes de automóviles establecidos, empresas tecnológicas y empresas de nueva creación. Estas entidades trabajan incansablemente para perfeccionar la tecnología que hay detrás de los VA, abordando diversas cuestiones relacionadas con la fiabilidad, la seguridad y la ciberseguridad. El despliegue generalizado de los VA no sólo requiere preparación tecnológica, sino también una reforma normativa y política. Así pues, los agentes del sector deben colaborar con los gobiernos y otras partes interesadas para desarrollar el marco jurídico necesario que regule el uso de los vehículos a motor. Los agentes de la industria del transporte deben explorar formas más innovadoras y sostenibles de fabricar y transportar sus productos. La movilidad sostenible requiere la descarbonización, y esto no puede lograrse si todo el sector del transporte sigue actuando como si nada hubiera pasado. El proceso de fabricación de los coches tradicionales, por ejemplo, se caracteriza por altos niveles de emisiones, que repercuten en la calidad del aire y contribuyen al cambio climático. Los agentes del sector deben invertir en procesos de producción más sostenibles, como el uso de fuentes de energía renovables, la reducción de residuos y la aceptación de modelos empresariales circulares que promuevan la reutilización y el reciclaje. El transporte de mercancías también tiene importantes implicaciones medioambientales, ya que la gran dependencia de camiones y barcos propulsados por gasóleo contribuye a la contaminación atmosférica y marina. Para afrontar este reto, los agentes de la industria pueden explorar modos de transporte alternativos, como camiones eléctricos y buques de carga híbridos, para reducir la huella de carbono del sector del transporte de mercancías. El papel de la industria en la configuración del futuro de la movilidad también se extiende a la infraestructura que sustenta el transporte, como las estaciones de carga para los VE y la necesaria infraestructura 5G para los VA. La aceptación masiva de VE requiere la instalación de estaciones de carga en lugares estratégicos, como zonas residenciales, edificios comerciales y espacios públicos. Los agentes del sector pueden invertir en el desarrollo de infraestructuras de recarga, mediante asociaciones con gobiernos o entidades privadas. Los VA necesitan conectividad de alta velocidad para funcionar, y esto requiere el despliegue de redes 5G que admitan la comunicación en tiempo real entre los vehículos y su entorno. Los actores del sector deben colaborar con las empresas de telecomunicaciones y los gobiernos para mejorar el despliegue de redes 5G en las grandes ciudades, autopistas y otros centros de transporte. El futuro del transporte depende del esfuerzo colectivo de todas las partes interesadas, pero los agentes de la industria tienen un papel importante que desempeñar en la configuración de esta realidad. La transformación de la industria automovilística hacia una movilidad sostenible y autónoma es encomiable, pero hay que hacer más para acelerar el cambio. Hay que acelerar el ritmo de aceptación de los vehículos eléctricos, así como el desarrollo de la tecnología audiovisual, para garantizar su implantación generalizada. Los agentes del sector deben mejorar sus prácticas de sostenibilidad en toda la cadena de valor, desde la fabricación hasta la distribución y los servicios posventa. Los agentes de la industria tienen que colaborar con los gobiernos, los responsables políticos y los clientes para garantizar que sus productos y servicios satisfacen las necesidades de movilidad de la sociedad de forma respetuosa con el medio ambiente y equitativa. El papel de la industria en la configuración del futuro del transporte no es sólo una responsabilidad, sino también una oportunidad de crear un mundo mejor para las generaciones futuras.

INNOVACIONES EN VEHÍCULOS AUTÓNOMOS Y MOVILIDAD SOSTENIBLE

Las innovaciones en vehículos autónomos y movilidad sostenible tienen el potencial de reducir significativamente las emisiones, aliviar la congestión y mejorar la movilidad. El auge de los vehículos autónomos es uno de los ejemplos más visibles de la transformación de la movilidad que está en marcha. Estos vehículos pueden funcionar sin conductor humano, reduciendo drásticamente la probabilidad de accidentes causados por errores humanos. Las innovaciones en tecnología autónoma han permitido que los vehículos se comuniquen entre sí y se adapten a su entorno de una forma que nunca antes había sido posible. Esta tecnología también se ha integrado en otras formas de transporte, como los drones y los buques de carga, y con el tiempo podría aplicarse también al transporte público.

Además de los vehículos autónomos, también ha aumentado el interés por los vehículos eléctricos. Esto se debe en parte a los avances en la tecnología de las baterías, que han hecho que los coches eléctricos sean más prácticos para el uso diario. Los coches eléctricos son mucho más eficientes que los vehículos tradicionales de gasolina, y a medida que la red se alimente cada vez más de energías renovables, se convertirán en una opción de transporte aún más sostenible. La aceptación de vehículos eléctricos tiene el potencial de reducir significativamente la cantidad de emisiones de gases de efecto invernadero generadas por el transporte. El cambio a los vehículos autónomos y eléctricos no está exento de desafíos. Uno de los mayores retos es la necesidad de nuevas infraestructuras para apoyar estas tecnologías. Los vehículos autónomos requieren una infraestructura vial actualizada, como semáforos inteligentes y sensores integrados en la calzada. La infraestructura de carga de los vehículos eléctricos debe ampliarse considerablemente para dar cabida al creciente número de coches eléctricos en la carretera. Otra consideración importante es el impacto potencial sobre el empleo. El auge de los vehículos autónomos podría provocar el desplazamiento de muchos puestos de trabajo en la industria del transporte. En particular, la necesidad de conductores profesionales, como los camioneros, podría disminuir significativamente. Esto podría tener un gran impacto en la economía, ya que estos empleos se encuentran entre los más comunes en muchas partes del mundo. Los gobiernos y los líderes del sector tendrán que considerar cómo apoyar a quienes puedan verse afectados por estos cambios, por ejemplo mediante programas de reciclaje y educación. Hay que abordar las cuestiones de privacidad y seguridad para garantizar el uso seguro de estas tecnologías. Los vehículos autónomos y otras formas de movilidad sostenible generan grandes cantidades de datos sobre todo, desde los patrones de tráfico hasta el comportamiento individual al volante. Estos datos pueden ser valiosos tanto para las empresas como para los gobiernos, pero también suscitan preocupaciones sobre cómo se utilizan y quién tiene acceso a ellos. A pesar de estos retos, los beneficios potenciales de los vehículos autónomos y eléctricos son demasiado grandes para ignorarlos. Al reducir las emisiones y la congestión, mejorar la seguridad y aumentar la movilidad, ofrecen una vía hacia un sistema de transporte más sostenible. Las implicaciones más amplias de este cambio incluyen la capacidad de desbloquear nuevas formas de actividad económica y de proporcionar mayor movilidad y acceso a un mayor número de personas.

Es importante que este cambio se produzca de forma equitativa e integradora. No todas las poblaciones tienen el mismo acceso a las opciones de movilidad sostenible, y será fundamental garantizar que estas tecnologías beneficien a todos, independientemente de los ingresos o la geografía. Las inversiones en infraestructuras deben ser equilibradas para garantizar que las zonas rurales no se queden atrás. Y los gobiernos deben trabajar para garantizar que los beneficios de estas tecnologías se compartan ampliamente, en lugar de concentrarse en manos de unos pocos. El auge de los vehículos autónomos y eléctricos está transformando la movilidad como nunca antes se había visto. Aunque hay importantes retos que superar, los beneficios potenciales de estas tecnologías son enormes. Los vehículos autónomos prometen mejorar la seguridad y reducir la congestión, mientras que los vehículos eléctricos ofrecen una vía hacia un sistema de transporte más sostenible. Las implicaciones de estos cambios son de gran alcance y requieren una amplia colaboración entre el gobierno, la industria y los ciudadanos para garantizar que todo el mundo tenga acceso a los beneficios de la movilidad sostenible.

INVERSIÓN EN INVESTIGACIÓN Y DESARROLLO

El desarrollo de la tecnología autónoma está aún en sus primeras fases, y las empresas están invirtiendo mucho para lograr avances significativos en este campo. Los beneficios potenciales de los coches autónomos son numerosos, como la reducción de la congestión, el aumento de la seguridad y la mejora de la accesibilidad para las personas con movilidad limitada. Para hacer realidad estos beneficios, se requiere una amplia investigación y desarrollo para abordar los retos técnicos críticos y garantizar que los coches autónomos funcionen de forma segura y eficiente en todas las condiciones de conducción. La inversión en investigación y desarrollo no sólo es crucial para el desarrollo de vehículos autónomos, sino también para el avance de los vehículos eléctricos. La investigación y el desarrollo de la tecnología de los VE son continuos y tienen como objetivo hacer que los coches eléctricos sean más eficientes, asequibles y accesibles para los consumidores. Uno de los principales obstáculos para la aceptación generalizada de los vehículos eléctricos es la limitada autonomía de muchos modelos, así como la escasa disponibilidad de infraestructuras de recarga. Será necesario invertir en investigación y desarrollo para resolver estos problemas y hacer de los vehículos eléctricos una alternativa viable a los coches tradicionales de gasolina. La inversión en investigación y desarrollo es un paso fundamental para lograr una movilidad sostenible, ya que allanará el camino para la aceptación generalizada de vehículos autónomos y eléctricos y contribuirá a reducir nuestra dependencia de los combustibles fósiles.

CAPACIDAD DE RESPUESTA A LAS POLÍTICAS GUBERNAMENTALES

A medida que el mundo adopta el transporte sostenible, los países han ido aplicando políticas gubernamentales para fomentar la aceptación de coches eléctricos y vehículos autónomos. Estas políticas incluyen incentivos fiscales, subvenciones, mayor acceso a la infraestructura de recarga y normas de emisiones más estrictas. Los gobiernos también se están asociando con los fabricantes de automóviles para invertir en investigación y desarrollo con el fin de mejorar la tecnología y reducir los costes. Aunque estas políticas han tenido éxito en algunas regiones, en otras se han encontrado con resistencias y desafíos. Por ejemplo, la falta de normalización de la infraestructura de recarga y de marcos normativos ha obstaculizado el crecimiento del mercado de vehículos eléctricos en algunos países. La preocupación por la privacidad y la seguridad ha llevado a algunos legisladores a imponer fuertes restricciones al uso de vehículos autónomos, frenando aún más su implantación. Es importante que las políticas gubernamentales sigan el ritmo del cambio tecnológico y aborden los retos a medida que surgen para garantizar una transición fluida hacia la movilidad sostenible. Esto puede lograrse colaborando estrechamente con los agentes de la industria, implantando infraestructuras de apoyo y educando al público sobre las ventajas de las tecnologías. La capacidad de respuesta de las políticas gubernamentales en este ámbito dictará el éxito de la transformación de la movilidad sostenible y su impacto en la sociedad y el medio ambiente. No cabe duda de que la tecnología está transformando la movilidad a un ritmo acelerado, con el auge de los vehículos autónomos y la creciente popularidad de los coches eléctricos. Estos avances tienen el potencial de revolucionar el transporte tal como lo conocemos, haciéndolo más sostenible y eficiente. Los vehículos autónomos tienen el potencial de reducir los accidentes, la congestión del tráfico y las emisiones, mientras que los coches eléctricos ofrecen una alternativa más limpia a los vehículos tradicionales de gasolina. Aunque estos avances tecnológicos son muy prometedores, también tienen sus implicaciones para nuestra sociedad y nuestro planeta. Por un lado, la aceptación generalizada de vehículos autónomos puede provocar una reducción significativa del número de puestos de trabajo disponibles en la industria del transporte. A medida que aumente el número de vehículos autónomos, disminuirá la necesidad de conductores humanos, lo que dejará a muchas personas sin una fuente de ingresos. Aunque éste puede ser un sacrificio necesario en la búsqueda de un sistema de transporte más sostenible y eficiente, es importante que desarrollemos estrategias para apoyar a las personas y comunidades afectadas. El aumento del uso de vehículos autónomos puede provocar un descenso del uso del transporte público. Aunque los vehículos autónomos tienen el potencial de ofrecer una alternativa más cómoda y conveniente al transporte público tradicional, es importante que no abandonemos por completo el concepto de transporte compartido. El transporte público sigue siendo una opción importante para muchas personas que no pueden permitirse poseer un vehículo personal, y desempeña un papel significativo en la reducción de la congestión del tráfico y las emisiones. Otra implicación potencial del auge de los vehículos autónomos es la cuestión de la privacidad de los datos. Con el aumento de la dependencia de los sensores y la recopilación de datos, existe el riesgo de que se recopile y comparta información personal sin el consentimiento de las personas. Es importante que establezcamos normativas y leyes de privacidad sólidas para proteger los datos de las personas y garantizar que se utilicen de forma responsable. La creciente popularidad de los vehículos eléctricos también tiene implicaciones significativas para nuestra sociedad y nuestro planeta. Los vehículos eléctricos ofrecen una alternativa más limpia y sostenible a los coches tradicionales de gasolina, reduciendo las emisiones y ayudando a mitigar los efectos del cambio climático. Para aprovechar realmente los beneficios potenciales de los vehículos eléctricos, también debemos desarrollar una infraestructura sostenible para su uso. Esto incluye el desarrollo de estaciones de recarga y la aplicación de políticas que fomenten el uso de vehículos eléctricos. Los gobiernos y los líderes de la industria deben trabajar juntos para incentivar la aceptación de vehículos eléctricos, ofreciendo incentivos financieros y subvenciones para hacerlos más asequibles a particulares y empresas. El desarrollo de fuentes de energía renovables, como la eólica y la solar, puede contribuir a garantizar que la electricidad utilizada para alimentar los vehículos eléctricos sea también sostenible y respetuosa con el medio ambiente. Aunque los vehículos eléctricos son una alternativa más limpia a los coches de gasolina tradicionales, no están exentos de problemas medioambientales. La producción de vehículos eléctricos requiere una cantidad significativa de recursos y energía, y la eliminación de sus baterías también puede plantear riesgos medioambientales. Es importante que desarrollemos estrategias para abordar estas cuestiones, como el desarrollo de métodos de producción más sostenibles y la implantación de programas de reciclaje para las baterías usadas. El auge de los vehículos autónomos y los coches eléctricos representa una transformación significativa de la movilidad, con el potencial de ofrecer un sistema de transporte más sostenible y eficiente. Como ocurre con cualquier avance tecnológico, también hay implicaciones para nuestra sociedad y nuestro planeta que deben tenerse en cuenta. Es importante que seamos conscientes de estas implicaciones mientras trabajamos para desarrollar e implantar estas tecnologías, garantizando que luchamos por un futuro que no sólo sea tecnológicamente avanzado, sino también social y medioambientalmente responsable.

XI. CONSIDERACIONES ÉTICAS

Como ocurre con cualquier avance tecnológico, la aceptación de vehículos autónomos y movilidad sostenible plantea serias consideraciones éticas. Dos cuestiones especialmente acuciantes son el potencial de desplazamiento de puestos de trabajo y la priorización de la seguridad. En primer lugar, la aceptación generalizada de vehículos autónomos podría desplazar millones de puestos de trabajo actualmente ocupados por conductores humanos. Según un informe de la consultora RethinkX, los coches autónomos provocarán la eliminación de 4,2 millones de puestos de trabajo en Estados Unidos para 2030. Esto incluye no sólo a los conductores de taxis y camiones, sino también a personas de sectores relacionados, como el mantenimiento de vehículos y los seguros. Mientras que algunos sostienen que la creación de nuevos puestos de trabajo en los sectores de la tecnología y la ingeniería compensará esta pérdida, a otros les preocupa el impacto sobre los trabajadores desplazados y sus familias. Es responsabilidad de los responsables políticos y del sector privado garantizar que estas personas no se queden atrás en la carrera por la automatización. En segundo lugar, la seguridad de los vehículos autónomos es una consideración ética crucial. Aunque los coches autónomos tienen el potencial de reducir en gran medida las muertes y lesiones por accidentes de tráfico, no son inmunes a los accidentes y otros fallos de funcionamiento. Actualmente no existe un protocolo claro para determinar la responsabilidad en caso de accidente de un coche autónomo. Para que los vehículos autónomos se ganen la confianza generalizada del público, deben establecerse y aplicarse normas de seguridad claras. Esto incluye no sólo normas técnicas para los propios vehículos, sino también directrices sobre cómo interactúan con peatones, ciclistas y otros vehículos en la carretera.

Otra consideración ética es el impacto potencial de los vehículos autónomos y la movilidad sostenible en la equidad social. Actualmente, el acceso a los coches autónomos y a otras opciones de transporte sostenible está limitado a quienes tienen medios para comprarlos, lo que deja en desventaja a las personas y familias con bajos ingresos. La sustitución de los sistemas de transporte público por vehículos autónomos podría exacerbar las desigualdades de transporte existentes en determinadas comunidades. Abordar estas cuestiones requerirá esfuerzos intencionados por parte de los responsables políticos y los inversores para garantizar que las opciones de transporte autónomo y sostenible sean accesibles para todos. El auge de la movilidad sostenible tiene implicaciones significativas para la salud de nuestro planeta. Los vehículos eléctricos producen menos emisiones de gases de efecto invernadero que sus homólogos propulsados por gasolina, y a medida que se generalice la aceptación de fuentes de energía renovables, los beneficios medioambientales de los vehículos eléctricos seguirán aumentando. Además, el mayor uso del transporte público y de otros modos de transporte sostenibles puede reducir la congestión del tráfico, lo que a su vez reduce las emisiones y mejora la calidad del aire. Por tanto, la implantación de la movilidad sostenible a gran escala puede contribuir en gran medida a los esfuerzos mundiales para combatir el cambio climático y reducir los impactos negativos del transporte sobre el medio ambiente y la salud pública. Es importante señalar que la movilidad sostenible no es una bala de plata, y que aún quedan importantes retos por superar. La fabricación y eliminación de las baterías de los vehículos eléctricos puede ser perjudicial para el medio ambiente, y la producción de energía renovable no está exenta de consecuencias medioambientales. Aunque el transporte público es una opción sostenible, a menudo está plagado de problemas como la ineficacia, la financiación inadecuada y la escasa inversión en infraestructuras. Abordar estos retos y construir un sistema de movilidad verdaderamente sostenible requerirá un enfoque holístico que tenga en cuenta no sólo el impacto medioambiental del transporte, sino también las implicaciones sociales y económicas. La aceptación de vehículos autónomos y movilidad sostenible tiene el potencial de transformar nuestra sociedad y nuestro planeta de forma significativa. Para aprovechar plenamente los beneficios de estas tecnologías, debemos lidiar con las consideraciones éticas que plantean. El desplazamiento de trabajadores, la priorización de la seguridad y la equidad social, y los impactos medioambientales de la movilidad sostenible son retos complejos que requieren soluciones intencionadas y meditadas. Trabajando juntos, los responsables políticos, los líderes del sector privado y los miembros de la comunidad pueden crear un sistema de transporte más justo y sostenible para todos.

PROBLEMAS DE SEGURIDAD DE LOS VEHÍCULOS AUTÓNOMOS

A medida que nos adentramos en la era de los vehículos autónomos, surgen importantes problemas de seguridad que deben abordarse. La seguridad es el aspecto más crucial del transporte, y los problemas de seguridad de los vehículos autónomos han sido objeto de mucho debate en los últimos años. El principal problema de los vehículos autónomos es que no pueden tomar decisiones éticas como los humanos. Estas decisiones éticas, que a menudo son instintivas, son las que nos mantienen seguros en la carretera. Por ejemplo, un vehículo autónomo puede no ser capaz de decidir si salvar la vida del pasajero o la de un peatón si se produce una emergencia repentina.

Otra preocupación es la posibilidad de piratería informática. Como ocurre con cualquier tecnología conectada a Internet, siempre existe el riesgo de ser pirateada. Los piratas informáticos podrían hacerse con el control del vehículo y provocar un accidente catastrófico. Aunque el vehículo no sea pirateado, la tecnología puede fallar. Los fallos de software, el mal funcionamiento de los sensores u otros fallos de hardware podrían causar accidentes si el vehículo autónomo no está diseñado con los sistemas de seguridad adecuados. No está claro cómo interactuarán los vehículos autónomos con los vehículos no autónomos. En las fases iniciales de la implantación de los vehículos autónomos, habrá una mezcla de coches autoconducidos y conducidos por humanos en la carretera. Existe la posibilidad de que haya problemas para coordinar las interacciones entre estos dos tipos de vehículos. Esto podría dar lugar a falta de comunicación, confusión y accidentes. Los vehículos autónomos están diseñados en función de factores medioambientales. Los cambios impredecibles del entorno podrían dificultar la navegación de un vehículo autónomo por la carretera. El flujo de tráfico en tiempo real, el tiempo, los accidentes y los problemas de construcción de carreteras son sólo algunos ejemplos de factores ambientales que pueden afectar a la navegación de un vehículo autónomo. Varios estudios han demostrado que los humanos pueden ser menos cuidadosos con los vehículos autónomos que con los coches conducidos por humanos. Un estudio realizado en Arizona descubrió que los peatones humanos tienden a cruzar la calle cuando se enfrentan a un coche autónomo, confiando en la suposición de que el coche se detendrá o corregirá su rumbo si es necesario. Estas suposiciones podrían provocar accidentes y otros riesgos para la seguridad. Los vehículos autónomos pueden convertirse en objetivo del vandalismo. Algunas personas podrían dañar o sabotear intencionadamente los vehículos autónomos sólo por diversión, lo que generaría problemas de responsabilidad para sus propietarios. Aunque los vehículos autónomos ofrecen enormes ventajas, también existen importantes problemas de seguridad. Las decisiones éticas que los vehículos autónomos no pueden tomar como los humanos, plantean un enorme reto a los fabricantes para garantizar que se toman las medidas de seguridad necesarias. Además, los piratas informáticos pueden suponer un grave riesgo para los vehículos autónomos, y los fallos de software o de funcionamiento de los sensores deben anticiparse y abordarse antes de poner los vehículos autónomos en uso público. Sobre todo, debe examinarse la interacción entre los vehículos autónomos y los vehículos no autónomos, y deben incorporarse a los vehículos autónomos tanto la codificación para analizar el flujo de tráfico en tiempo real como un mecanismo de seguridad adecuado. Hasta que no se aborden estas preocupaciones, puede ser difícil que los vehículos autónomos se ganen la confianza y la aceptación del público.

RESPONSABILIDAD POR ACCIDENTES

Uno de los principales retos de la implantación de vehículos autónomos es determinar la responsabilidad en caso de accidente. Actualmente, la responsabilidad se asigna principalmente a los conductores humanos, pero con los vehículos autónomos, las líneas se difuminan. En caso de accidente de un vehículo autónomo, la responsabilidad podría recaer en varias partes, como el fabricante del vehículo, el desarrollador del software y el propietario u operador del vehículo. Es crucial establecer directrices y normativas claras que regulen el uso de vehículos autónomos para garantizar que todas las partes implicadas sean responsables de cualquier accidente que pueda ocurrir. Es importante disponer de un sistema que determine con rapidez y precisión la causa del accidente para evitar que se produzcan incidentes similares en el futuro. A medida que los vehículos autónomos se hacen más comunes en nuestras carreteras, es imperativo que abordemos estas cuestiones para garantizar la seguridad de todos los usuarios de la carretera. El éxito de los vehículos autónomos depende de nuestra capacidad para mitigar los riesgos y garantizar que la responsabilidad esté claramente definida y se haga cumplir.

IMPACTO EN LAS POBLACIONES VULNERABLES

El auge de los vehículos autónomos y de la movilidad sostenible puede tener un gran impacto en las poblaciones vulnerables, como las personas con bajos ingresos y los ancianos. En el pasado, el transporte ha sido una barrera importante para estas poblaciones, con un transporte público inadecuado y un acceso limitado a los vehículos personales. Con la llegada de los vehículos autónomos, muchas de estas personas podrían tener acceso por primera vez a un transporte asequible y fiable. Estos vehículos podrían proporcionar transporte a la demanda a zonas desatendidas donde el transporte público no es fácilmente accesible. Los vehículos eléctricos podrían reducir el coste del transporte para las personas con bajos ingresos que pueden tener dificultades para pagar la gasolina de los vehículos tradicionales. En cuanto a la población anciana, los vehículos autónomos podrían ser un salvavidas para quienes ya no pueden conducir con seguridad. Esto podría mejorar significativamente la calidad de vida de las personas mayores que, de otro modo, verían limitada su capacidad para desplazarse de forma autónoma. Los vehículos eléctricos podrían proporcionar una experiencia de conducción más silenciosa y limpia para las personas con problemas respiratorios. Estas nuevas tecnologías también podrían tener implicaciones negativas para las poblaciones vulnerables si no se aplican con cuidado. Por ejemplo, el desarrollo de vehículos autónomos podría provocar la pérdida de empleo de las personas que dependen de la conducción como principal fuente de ingresos. El coste de los vehículos eléctricos puede seguir siendo prohibitivo para algunas personas con bajos ingresos. Es importante garantizar que estas tecnologías sean accesibles a todos los individuos, independientemente de su raza o estatus socioeconómico. Si los vehículos autónomos sólo se implantan en zonas acomodadas, podrían agravarse las desigualdades existentes en el acceso al transporte. Es importante tener en cuenta el impacto sobre el medio ambiente y cómo puede afectar a las poblaciones vulnerables a largo plazo. Aunque los vehículos eléctricos son más respetuosos con el medio ambiente que los vehículos tradicionales, la producción de baterías de iones de litio utilizadas en estos vehículos tiene importantes consecuencias medioambientales y sociales. La extracción de litio y otros metales preciosos para estas baterías puede ser peligrosa para los trabajadores y provocar la degradación del suelo y la contaminación del agua. El auge de los vehículos autónomos y la movilidad sostenible ofrece tanto oportunidades como retos para las poblaciones vulnerables. Aunque tiene el potencial de mejorar enormemente el acceso al transporte para las personas con bajos ingresos y las personas mayores, es importante tener en cuenta las posibles consecuencias negativas y trabajar para implantar estas tecnologías de forma equitativa y sostenible. Debemos tener en cuenta el impacto sobre el medio ambiente y trabajar para desarrollar soluciones más sostenibles que satisfagan nuestras necesidades de transporte. Los avances en la tecnología del transporte están cambiando rápidamente nuestra forma de movernos por el mundo. Desde los coches autónomos hasta los vehículos eléctricos, nuestros medios de transporte son cada vez más sostenibles y eficientes. La aceptación de vehículos autónomos, en particular, tiene implicaciones significativas para nuestra sociedad y nuestro planeta. Los vehículos autónomos no sólo tienen el potencial de reducir drásticamente los accidentes causados por errores humanos, sino que también tienen la capacidad de disminuir significativamente la congestión del tráfico y las emisiones. Los vehículos eléctricos son cada vez más frecuentes a medida que avanza la tecnología, y ofrecen una alternativa más limpia y sostenible a los coches de gasolina. Este cambio hacia la movilidad sostenible es un paso crucial para reducir nuestra huella de carbono y mitigar los efectos del cambio climático. Esta transición también conlleva algunos retos. Tanto los gobiernos como las empresas y los individuos deben tener en cuenta los cambios en las infraestructuras, las repercusiones económicas y las consideraciones éticas a medida que avanzamos hacia un futuro más sostenible en el transporte.

XII. TASAS DE ACEPTACIÓN

Los índices de aceptación de los vehículos autónomos y eléctricos son factores cruciales para determinar el futuro del transporte. Se ha predicho que los vehículos autónomos revolucionarán la seguridad vial y la reducción del tráfico, pero su éxito depende en gran medida de la aceptación pública. Por desgracia, la confianza del público es un obstáculo importante que deben superar los vehículos autónomos, ya que un estudio reciente revela que sólo el 19% de los estadounidenses confiaría en que un vehículo autónomo les condujera sin intervención humana. Un factor que contribuye a esta falta de confianza es la posibilidad de que se produzcan fallos de ciberseguridad, ya que los vehículos autónomos son vulnerables a los intentos de pirateo. La preocupación por la pérdida de empleo de los conductores profesionales también contribuye al escepticismo generalizado sobre los coches autónomos. Los vehículos eléctricos son cada vez más populares, con un rápido crecimiento de las ventas mundiales en los últimos años. El cambio hacia los coches eléctricos está impulsado por la reducción de sus emisiones, ya que tienen el potencial de disminuir significativamente la huella de carbono del transporte. Otras ventajas de los vehículos eléctricos son sus menores costes de funcionamiento y tiempos de repostaje. Los vehículos eléctricos dependen de fuentes de energía renovables, lo que puede ayudar a reducir las emisiones de gases de efecto invernadero. No obstante, algunos expertos sostienen que la aceptación generalizada de los VE dependerá del desarrollo de una infraestructura adecuada para la recarga y la tecnología de las baterías. La aceptación de vehículos autónomos y eléctricos presenta importantes oportunidades y retos para la sociedad y el planeta, y aún está por ver cómo estas tecnologías configurarán el futuro del transporte.

LA ACEPTACIÓN DE LOS VEHÍCULOS AUTÓNOMOS Y LA MOVILIDAD SOSTENIBLE POR PARTE DE LOS CONSUMIDORES

La aceptación por parte de los consumidores de los vehículos autónomos y la movilidad sostenible es fundamental para un futuro en el que los coches propulsados por combustibles fósiles sean sustituidos por opciones más sostenibles. Ya ha habido cierta aceptación de vehículos eléctricos y autónomos, pero sigue habiendo un importante interrogante sobre la aceptación de estas nuevas formas de transporte entre los consumidores. La tecnología de conducción autónoma tiene el potencial de revolucionar el transporte al permitir viajes más seguros y eficientes. Es probable que los índices de aceptación se vean influidos por una serie de factores, como la confianza en la tecnología, el coste, la facilidad de uso y la preocupación por la privacidad y la ciberseguridad. La sostenibilidad también desempeña un papel crucial en la aceptación de estos vehículos. Los consumidores buscan opciones ecológicas que reduzcan el impacto medioambiental de los coches tradicionales en nuestra sociedad y nuestro planeta. El hecho de que los vehículos autónomos, en general, sean probablemente eléctricos o impulsados por hidrógeno, será una consideración importante para los consumidores preocupados por la sostenibilidad. Estos vehículos maximizan el potencial de las fuentes de energía renovables, que reducen significativamente la huella de carbono del transporte. Hay pruebas que sugieren que los vehículos autónomos se utilizarán probablemente de forma más eficiente que sus predecesores conducidos por humanos, reduciendo aún más el impacto medioambiental. Esencialmente, la sostenibilidad y los vehículos autónomos van de la mano. A medida que la tecnología de conducción autónoma se desarrolle y se generalice, gran parte de la toma de decisiones sobre su aceptación se basará en factores como la confianza, las capacidades y las consideraciones medioambientales. Por tanto, garantizar que la tecnología de conducción autónoma se desarrolle de forma respetuosa con el medio ambiente contribuirá en gran medida a fomentar la confianza de los consumidores, promover la aceptación e impulsar los beneficios de la sostenibilidad a largo plazo.

ÍNDICE DE ACEPTACIÓN POR PARTE DE GOBIERNOS Y EMPRESAS

Uno de los factores clave que determinarán el éxito de los vehículos autónomos y de la movilidad sostenible en general es el ritmo de aceptación por parte de gobiernos y empresas. Aunque el desarrollo de estas tecnologías está impulsado en gran medida por el progreso tecnológico y la demanda del mercado, su implantación a gran escala dependerá de una serie de factores políticos, económicos y sociales. Los gobiernos desempeñan un papel especialmente importante en este proceso, ya que son responsables de establecer los marcos normativos que rigen cómo pueden utilizarse estas tecnologías y de garantizar que su implantación sea segura y protegida. Al mismo tiempo, las empresas también tienen un papel importante que desempeñar, ya que son las que invertirán y desarrollarán las tecnologías que hagan posible la movilidad sostenible. Para promover la aceptación generalizada de vehículos autónomos y otras soluciones de transporte sostenible, será importante que los gobiernos y las empresas colaboren, equilibrando las necesidades de la industria con los intereses de la sociedad y el medio ambiente. A nivel gubernamental, hay una serie de factores que determinarán el ritmo de aceptación de los vehículos autónomos y otras soluciones de transporte sostenible. Uno de los más importantes es el panorama normativo, que determinará cómo pueden utilizarse estas tecnologías y qué tipo de medidas de seguridad habrá que establecer. Por ejemplo, es posible que los gobiernos

165

tengan que elaborar nuevas leyes y normativas para garantizar que los vehículos autónomos sean seguros y fiables, y que puedan funcionar eficazmente junto a los vehículos tradicionales. Esto podría implicar el desarrollo de nuevas normas para la seguridad y el rendimiento de los vehículos, así como requisitos para la formación y las licencias de los conductores. Otro factor clave que influirá en el ritmo de aceptación de los vehículos autónomos es la percepción y aceptación del público. Aunque muchas personas están entusiasmadas con la perspectiva de los coches autónomos y otras soluciones de transporte sostenible, otras siguen siendo escépticas sobre la tecnología y su impacto potencial. Para hacer frente a estas preocupaciones, puede que los gobiernos tengan que invertir en campañas de educación pública para concienciar sobre los beneficios de la movilidad sostenible y disipar mitos e ideas erróneas sobre la tecnología. A nivel empresarial, también hay una serie de factores que afectarán al ritmo de aceptación de los vehículos autónomos y otras soluciones de transporte sostenible. Uno de los principales impulsores de la aceptación serán los incentivos económicos para que las empresas inviertan en estas tecnologías. Por ejemplo, las empresas pueden sentirse atraídas por los vehículos autónomos y otras soluciones de transporte sostenible porque ofrecen posibles ahorros de costes u otros beneficios financieros, como un menor consumo de combustible y menores costes de mantenimiento. Por el contrario, las empresas pueden verse disuadidas de invertir en estas tecnologías si las perciben como demasiado caras o si no hay suficiente demanda por parte de los consumidores. Además de los factores económicos, las empresas también tendrán que considerar las repercusiones sociales y medioambientales de sus inversiones en vehículos autónomos y otras soluciones de transporte sostenible. Por ejemplo, puede que tengan que evaluar el impacto de estas tecnologías en la congestión del tráfico, la contaminación atmosférica y otros factores medioambientales. También pueden tener que considerar el impacto de estas tecnologías en el empleo, ya que los vehículos autónomos y otras tecnologías pueden provocar pérdidas de puestos de trabajo en determinados sectores. Para abordar estas preocupaciones, las empresas pueden tener que trabajar con los gobiernos, los grupos de la sociedad civil y otras partes interesadas para desarrollar un enfoque más global y sostenible del transporte. El éxito de los vehículos autónomos y otras soluciones de transporte sostenible dependerá de la capacidad de los gobiernos y las empresas para trabajar juntos en pos de objetivos compartidos. Esto requerirá un enfoque colaborativo y holístico de la planificación del transporte, que incorpore factores sociales, económicos y medioambientales a los procesos de toma de decisiones. También requerirá la voluntad de experimentar y asumir riesgos, explorando nuevas tecnologías y modelos empresariales que puedan resultar más eficaces y sostenibles a largo plazo. El ritmo de aceptación de los vehículos autónomos y otras soluciones de transporte sostenible será un factor decisivo para configurar el futuro de la movilidad. Los gobiernos y las empresas tienen un importante papel que desempeñar en el fomento de la aceptación generalizada de estas tecnologías, pero deben trabajar juntos en colaboración y adoptar un enfoque más holístico de la planificación del transporte. De este modo, pueden contribuir a crear un sistema de transporte más sostenible, equitativo y eficiente que beneficie a todos los miembros de la sociedad.

FACTORES QUE INFLUYEN EN LAS TASAS DE ACEPTACIÓN

Estos factores pueden dividirse en varias categorías, como factores tecnológicos, económicos, sociales y normativos. Los factores tecnológicos se refieren a los avances en la tecnología de conducción autónoma, como los sensores, la conectividad y los algoritmos de aprendizaje automático, que permiten a los vehículos autónomos navegar por escenarios de tráfico complejos y operar con seguridad en diferentes condiciones de la carretera. Los factores económicos están relacionados con el coste de los vehículos autónomos y los VE, que siguen siendo más elevados que los vehículos tradicionales debido a los altos costes de I+D y producción, y a la limitada escala de producción. Los factores sociales abarcan las percepciones y actitudes de los consumidores hacia las soluciones de movilidad autónoma y sostenible, incluidas las preocupaciones por la seguridad, la protección, la privacidad y la comodidad. Los factores normativos se refieren a los marcos jurídicos y políticos que regulan el desarrollo y la implantación de soluciones de movilidad autónoma y sostenible, como la concesión de licencias, los seguros, la responsabilidad y las normas medioambientales. La interacción de estos factores influye en los índices de aceptación de soluciones de movilidad autónoma y sostenible, tanto a nivel individual como social. A nivel individual, la disposición de los consumidores a adoptar estas soluciones depende de su percepción de sus ventajas e inconvenientes, como la seguridad, la comodidad, el coste y el impacto medioambiental. Por ejemplo, los primeros en adoptar los vehículos eléctricos pueden estar motivados por su deseo de reducir su huella de carbono, mientras que los escépticos pueden sentirse disuadidos por el mayor coste inicial y la limitada autonomía de conducción. Del mismo modo, en el caso de los vehículos autónomos, los primeros en adoptarlos pueden apreciar las ventajas de seguridad y comodidad, mientras que otros pueden temer la pérdida de control o la posibilidad de accidentes causados por errores del sistema o ciberataques. Así pues, comprender las complejas y a menudo contradictorias motivaciones y creencias de los consumidores es esencial para diseñar estrategias eficaces de marketing y comunicación que puedan aumentar los índices de adopción. A nivel social, los índices de aceptación de soluciones de movilidad autónoma y sostenible dependen de una serie más amplia de factores, como las normas culturales, la disponibilidad de infraestructuras y los incentivos políticos. Por ejemplo, algunos países, como Noruega, han aplicado políticas agresivas para promover la aceptación de vehículos eléctricos, como incentivos fiscales, estaciones de carga gratuitas y acceso a carriles bus, lo que ha dado lugar a altos índices de adopción. Por otro lado, algunos países, como Estados Unidos, han sido más graduales en su enfoque, basándose en una mezcla de inversión privada y pública en infraestructura de recarga e incentivos al consumidor para impulsar la aceptación del VE. Del mismo modo, el despliegue de los vehículos autónomos se ve afectado por los marcos legales y políticos que regulan sus pruebas, aprobación y funcionamiento. Por ejemplo, California fue el primer estado en permitir las pruebas de vehículos autónomos en vías públicas, pero también se ha enfrentado a críticas por no regular su seguridad y responsabilidad con suficiente rigor. Otros estados y países han promulgado desde entonces leyes similares, pero la falta de normas y directrices internacionales sigue siendo un reto para acelerar la aceptación mundial. En conjunto, los factores que influyen en los índices de aceptación de soluciones de movilidad autónoma y sostenible son complejos y polifacéticos, y requieren un enfoque holístico que tenga en cuenta la interacción de factores tecnológicos, económicos, sociales y normativos en diferentes escalas de análisis. Para maximizar los beneficios de estas soluciones, es esencial promover su aceptación y usabilidad entre los consumidores, abordando al mismo tiempo los retos políticos, de infraestructura y de seguridad que pueden afectar a su escalabilidad y sostenibilidad. Al mismo tiempo, los investigadores, los responsables políticos y los agentes de la industria deben colaborar estrechamente para desarrollar y probar soluciones innovadoras que puedan abordar los problemas legales, éticos y medioambientales asociados a estas tecnologías. Con el equilibrio adecuado de inversión privada y pública, normas abiertas y compromiso de las partes interesadas, las soluciones de movilidad autónoma y sostenible tienen el potencial de transformar nuestra forma de movernos, trabajar y vivir, al tiempo que promueven un futuro más sostenible y equitativo para todos. El futuro del transporte es un paisaje en rápida evolución, y la tecnología está a la vanguardia de estos cambios. Los vehículos autónomos y las soluciones de movilidad sostenible están perturbando la industria tradicional del transporte y están a punto de transformar fundamentalmente la movilidad tal como la conocemos.

Con la llegada de la tecnología de conducción autónoma, existe la posibilidad de revolucionar la forma en que nos desplazamos de un lugar a otro. Estos vehículos pueden hacer que nuestros desplazamientos sean más eficientes, reducir los accidentes de tráfico y disminuir la necesidad de plazas de aparcamiento en las ciudades. Los vehículos eléctricos tienen el potencial de dirigirnos hacia un futuro más sostenible, ya que emiten cero emisiones de gases de efecto invernadero. Este cambio hacia una movilidad sostenible tiene profundas implicaciones tanto para nuestra sociedad como para el planeta. En este ensayo, exploraremos cómo la tecnología está transformando la movilidad y el impacto potencial en la sociedad y el medio ambiente. Uno de los beneficios más significativos de los vehículos autónomos es que tienen el potencial de hacer que nuestros desplazamientos al trabajo sean más eficientes y menos estresantes. Con los vehículos autónomos, podemos esperar una reducción significativa de la congestión del tráfico, los accidentes y las muertes en la carretera. Los coches autónomos tienen sensores y cámaras que pueden detectar los peligros de la carretera y los obstáculos que se aproximan, lo que reduce los riesgos de accidentes o colisiones. Los vehículos autónomos ayudan a reducir la congestión del tráfico porque toman rutas óptimas hacia sus destinos, lo que permite un flujo de tráfico más uniforme. Esto puede dar lugar a que se pase menos tiempo en la carretera, se consuma menos combustible y, en última instancia, se reduzcan los costes de transporte. Además, los vehículos autoconducidos pueden ayudar a reducir el número de viajeros en la carretera, ya que las personas mayores o discapacitadas, que antes no podían conducir, ahora pueden viajar de forma independiente. Esta comodidad añadida contribuye en gran medida a mejorar la calidad de vida de las personas. Otra ventaja de los coches autónomos es la reducción de las plazas de aparcamiento. Piensa en todo el valioso espacio inmobiliario urbano que ocupan los aparcamientos y garajes, sobre todo en las ciudades. Con los coches autónomos, nuestros vehículos pueden simplemente dejarnos en nuestro destino y buscar plazas de aparcamiento por sí solos. Esta mayor eficiencia y menor necesidad de espacio para aparcar puede crear espacios públicos muy necesarios, zonas verdes y viviendas asequibles. El impacto de los coches autónomos puede ser profundo y puede ayudarnos a reimaginar nuestras ciudades y espacios urbanos de formas inimaginables hoy en día. Los vehículos eléctricos son otro avance tecnológico que puede repercutir positivamente en nuestro planeta. Estos coches tienen cero emisiones de gases de efecto invernadero, lo que los hace más respetuosos con el medio ambiente que sus homólogos propulsados por combustibles fósiles. Con el auge de los coches eléctricos, podemos esperar una reducción de la contaminación atmosférica y de los problemas de salud relacionados. A medida que aumente la demanda de coches eléctricos, también se acelerará el crecimiento de la industria de las energías renovables, creando un futuro más ecológico y limpio. Los coches eléctricos son más silenciosos que los de gasolina, lo que significa menos contaminación acústica en las ciudades, algo fundamental para las comunidades que buscan disfrutar de un entorno tranquilo y apacible. El auge de los vehículos autónomos y eléctricos también tiene implicaciones para la sociedad. Para empezar, el cambio hacia los vehículos autónomos podría perturbar muchos puestos de trabajo. Podría reducir significativamente los puestos de trabajo de camioneros, conductores de reparto y taxistas, entre otros. El desarrollo de los coches autónomos también tiene implicaciones sobre los permisos de conducir, los seguros de los vehículos y las normas de circulación.

A medida que avanzamos hacia un mundo de coches autónomos, tenemos que invertir en programas de reciclaje y educación para los trabajadores que se verán afectados por esta transición. La sociedad necesita encontrar formas de preservar los puestos de trabajo que están amenazados, al tiempo que adopta la tecnología y la innovación. El cambio hacia los coches eléctricos también podría significar una mayor demanda de electricidad y un aumento de los precios de la electricidad. A medida que los países pasen a utilizar fuentes de energía renovables, es probable que aumente la demanda de electricidad. La creciente demanda de energía podría conducir a una mayor necesidad de inversión en centrales eólicas, solares y de hidrógeno. A pesar de estos retos, la tendencia hacia los vehículos eléctricos sigue siendo positiva por su potencial para reducir las emisiones de gases de efecto invernadero. A medida que avanzamos hacia un futuro energéticamente eficiente y más ecológico, necesitamos construir la infraestructura adecuada para impulsar la movilidad sostenible. Persiste la preocupación por la seguridad de los coches autónomos. Los recientes accidentes de vehículos autónomos han suscitado dudas sobre su seguridad y fiabilidad. La tecnología es todavía relativamente nueva, y es inevitable que haya fallos y errores en el sistema. Sin embargo, debemos seguir siendo optimistas en cuanto a que la tecnología seguirá progresando y, a largo plazo, demostrará ser más segura que los coches conducidos por humanos. Mientras navegamos por el futuro de la movilidad inteligente y el transporte sostenible, la seguridad de los pasajeros, los peatones y todos los usuarios de la carretera debe seguir siendo una prioridad absoluta. El futuro del transporte es apasionante, impulsado por la tecnología y la innovación. Los vehículos autónomos y las soluciones de movilidad sostenible tienen el potencial de cambiar nuestra forma de desplazarnos, movernos y vivir. A pesar de la preocupación por la pérdida de empleo y el aumento de la demanda de electricidad, los beneficios potenciales de los vehículos autónomos y eléctricos son enormes. Como sociedad, tenemos que aceptar los efectos positivos de estos cambios y, al mismo tiempo, encontrar formas de mitigar sus posibles efectos negativos. El cambio hacia una movilidad sostenible impulsada por fuentes de energía renovables es un paso positivo hacia un futuro más verde, en el que nuestro sistema de movilidad se alinea mejor con la necesidad de preservar nuestro medio ambiente. Al mismo tiempo, también tenemos que prestar mucha atención a la seguridad y a la normativa, mientras navegamos por este apasionante y transformador panorama de la movilidad.

XIII. PERSPECTIVA INTERNACIONAL

La industria mundial del transporte está experimentando actualmente una importante transformación, gracias a los avances de la tecnología. Aunque los coches autónomos y los vehículos eléctricos (VE) se han debatido ampliamente desde una perspectiva norteamericana o europea, es esencial adoptar una visión internacional para comprender plenamente las implicaciones de estos avances. Países como China, India y Brasil, con grandes poblaciones y economías emergentes, tendrán repercusiones significativas en el futuro del transporte. Por ejemplo, China ha sufrido graves crisis de contaminación atmosférica, y el gobierno está promoviendo activamente la inversión en VE y energías renovables. El país es ahora el mayor mercado mundial de VE y desempeñará un papel crucial en la descarbonización del sector del transporte. En India, el gobierno está adoptando un enfoque diferente, centrándose en la transición a una flota de vehículos 100% eléctricos para 2030. Aunque estos objetivos son ambiciosos, la aceptación del VE se enfrenta a varios retos, como la falta de infraestructura de recarga. El Sudeste Asiático, África y otras partes del mundo pueden pasar desapercibidas, pero también son regiones cruciales a tener en cuenta a medida que aumenta la aceptación mundial de vehículos eléctricos y movilidad sostenible. A medida que estos países sigan urbanizándose y haciendo crecer sus economías, también aumentará su demanda de transporte. Las partes interesadas de los gobiernos y del sector privado deben colaborar para abordar los retos relacionados con las infraestructuras y la accesibilidad. La perspectiva internacional muestra la necesidad de un esfuerzo colectivo para avanzar hacia un futuro sostenible del transporte. El futuro global del transporte estará determinado por una combinación de tecnología innovadora, políticas gubernamentales e inversiones del sector privado.

COMPARACIÓN DE LA EVOLUCIÓN DE LOS VEHÍCULOS AUTÓNOMOS Y LA MOVILIDAD SOSTENIBLE EN LOS DISTINTOS PAÍSES

Un análisis exhaustivo de las tendencias de la movilidad mundial revela diferencias sorprendentes en la aceptación de la tecnología de los vehículos autónomos (VA) y las prácticas de movilidad sostenible. Mientras que algunos países, como Estados Unidos y China, han invertido mucho en el desarrollo de VA, otros han dado prioridad a las políticas ecológicas y al transporte sostenible. Las razones de estas discrepancias son múltiples y coherentes con el panorama social, económico y político único de cada país. Por ejemplo, Estados Unidos tiene una larga historia de cultura y fabricación de automóviles, lo que hace que los sistemas audiovisuales encajen de forma natural en el futuro del transporte estadounidense. Mientras tanto, China ha adoptado los VA como parte de su búsqueda de superioridad tecnológica y como forma de abordar su cada vez más grave problema de contaminación atmosférica urbana. Por otra parte, países como Holanda, Dinamarca y Suecia han estado a la vanguardia del desarrollo de la movilidad sostenible, promoviendo la bicicleta, los desplazamientos a pie y el transporte público como alternativas viables a los automóviles. Aunque estos países también han explorado el potencial de los VA, han sido más cautos en su planteamiento, haciendo hincapié en la necesidad de más estudios y normativas para garantizar la seguridad y minimizar la congestión del tráfico. Las implicaciones de estos enfoques divergentes de la movilidad son importantes, tanto para la sociedad como para el medio ambiente. Aunque los VA tienen el potencial de reducir los accidentes, la congestión y las emisiones de gases de efecto invernadero, también presentan complejos retos éticos y legales, como la responsabilidad, la privacidad y la ciberseguridad. Sin inversiones sustanciales en energías renovables e infraestructuras de recarga, la aceptación masiva de vehículos eléctricos (VE) podría agravar los problemas medioambientales relacionados con la extracción y eliminación de las baterías de iones de litio. Al mismo tiempo, promover prácticas de movilidad sostenible, como caminar, ir en bicicleta y el transporte público, puede ayudar a reducir las emisiones de carbono, mejorar la salud pública y crear ciudades más habitables e integradoras. Por ello, es crucial lograr un equilibrio entre los avances en VA y en movilidad sostenible, fomentando la innovación y la capacidad de recuperación al tiempo que se minimizan los impactos medioambientales y sociales negativos. Alcanzar este equilibrio requerirá un enfoque colaborativo y holístico, en el que participen los responsables políticos, los líderes de la industria y los representantes de la comunidad, para garantizar que las nuevas tecnologías de movilidad beneficien a todos, maximizando su potencial para mejorar la calidad de vida y la sostenibilidad.

DIFERENCIAS EN LAS POLÍTICAS GUBERNAMENTALES Y EN LA PARTICIPACIÓN DE LA INDUSTRIA

El éxito de los vehículos autónomos y la movilidad sostenible depende en gran medida de las políticas gubernamentales y la implicación de la industria. En este aspecto, existen diferencias significativas entre países. En algunas naciones, el gobierno ha invertido mucho en investigación y desarrollo de vehículos autónomos y transporte sostenible. Por ejemplo, el gobierno de China ha anunciado recientemente planes para invertir 1,19 billones de dólares en nuevas infraestructuras como redes 5G, líneas ferroviarias y otras infraestructuras de transporte de alta tecnología en los próximos cinco años. Esta inversión está destinada a crear un sistema de transporte más sostenible e inteligente que se apoye en vehículos autónomos. Del mismo modo, en Europa y Norteamérica se ofrecen diversas subvenciones y créditos fiscales a los fabricantes de vehículos eléctricos. Algunas jurisdicciones han fijado incluso objetivos para la eliminación progresiva de los vehículos que utilizan combustibles fósiles; California y Noruega, por ejemplo, pretenden pasar totalmente a los vehículos eléctricos en 2035 y 2025, respectivamente. Por otra parte, en muchos países en vías de desarrollo, los gobiernos aún no han realizado inversiones significativas en vehículos autónomos y transporte sostenible. La falta de recursos y prioridades contrapuestas, como la mitigación de la pobreza, hacen que la implantación de redes de transporte sofisticadas no sea una prioridad. En consecuencia, es probable que muchas de estas regiones sigan dependiendo de los medios de transporte tradicionales, como las motocicletas y los coches de gas, sobre todo en las zonas rurales y periurbanas que dependen de soluciones de movilidad asequibles.

La implicación de la industria también desempeña un papel esencial en la aceptación de los vehículos autónomos y el transporte sostenible. En la industria del automóvil, hay esfuerzos de colaboración entre los actores para desarrollar soluciones que aborden retos comunes como el coste de las baterías y la infraestructura de carga. Por ejemplo, General Motors y Honda han creado una empresa conjunta para producir vehículos eléctricos de nueva generación. Además, empresas privadas como Uber, Lyft, Google, Baidu y Alibaba invierten continuamente en el desarrollo de tecnología de vehículos autónomos mediante adquisiciones, asociaciones e inversiones internas. Los frutos de estas inversiones han dado lugar a pruebas piloto de coches autónomos en EE.UU. y, más recientemente, en China y Japón, a pesar de los problemas de seguridad y los desafíos relativos a los marcos legales y normativos. El grado de implicación de la industria en el desarrollo de vehículos autónomos y transporte sostenible sigue siendo bajo en muchas naciones en desarrollo, ya que los fabricantes de automóviles locales luchan por competir con las marcas internacionales. Esta situación podría cambiar a medida que las empresas locales empiecen a reconocer los beneficios potenciales de la transición a soluciones de movilidad sostenible. Un ejemplo de ello es el fabricante de automóviles indio Mahindra, que aspira a convertirse en líder del mercado de vehículos eléctricos produciendo coches eléctricos asequibles para complementar los modelos tradicionales. Las diferencias en el ritmo de desarrollo de los vehículos autónomos y del transporte sostenible sugieren que habrá disparidades en las opciones de movilidad y en el acceso a los distintos modos de desplazamiento entre países. Es probable que los países con políticas nacionales sistemáticas y coordinadas sobre movilidad sostenible disfruten de sistemas de transporte más adaptados y equitativos. Mientras tanto, las naciones que se quedan atrás en la aceptación del transporte sostenible y la participación de la industria corren el riesgo de afectar negativamente al bienestar de su población por el aumento de la contaminación y otros efectos negativos. Las políticas gubernamentales y la participación de la industria determinan el futuro de los vehículos autónomos y el transporte sostenible. Las diferencias entre países en estos aspectos ponen de relieve una serie de resultados potenciales para una movilidad viable y sostenible. Aunque hemos observado un aumento de la inversión y el apoyo a los vehículos autónomos y los sistemas de transporte sostenible en algunos países, siguen existiendo disparidades significativas en todo el mundo. Por ello, sigue siendo esencial considerar las implicaciones más amplias del crecimiento del transporte sostenible, como su impacto en el desarrollo socioeconómico regional y en el medio ambiente. El crecimiento de los coches autoconducidos y los vehículos eléctricos tiene sin duda el potencial de crear un nuevo paradigma de movilidad sostenible, pero sólo si es integrador y no excluyente. Esto requiere marcos de gobernanza sólidos y la movilización de los agentes sociales para garantizar que los vehículos autónomos y el transporte sostenible no sean sólo una realidad para algunos, sino una opción viable para todos.

POTENCIAL DE LOS AVANCES TECNOLÓGICOS PARA BENEFICIAR A LOS PAÍSES EN DESARROLLO

No se puede negar que los avances tecnológicos pueden beneficiar a los países en desarrollo de muchas maneras, sobre todo en el campo del transporte. Uno de los principales beneficios de los avances tecnológicos en el transporte es el aumento de la accesibilidad a bienes y servicios esenciales. Las infraestructuras de transporte son un factor clave para determinar el bienestar económico de una sociedad, sobre todo en países en los que grandes extensiones de tierra están subdesarrolladas. Gracias a innovaciones como los vehículos autónomos, los coches eléctricos y la mejora de los sistemas de transporte público, tanto las personas como las comunidades pueden acceder mejor a la asistencia sanitaria, la educación y las oportunidades laborales. Las mejoras en el transporte también pueden ayudar a abordar los problemas relacionados con el cambio climático. El uso de vehículos eléctricos es un ejemplo de cómo los avances tecnológicos pueden reducir nuestra huella de carbono. Los vehículos eléctricos producen menos gases de efecto invernadero que los de gasolina, lo que los convierte en una solución atractiva para reducir la contaminación ambiental. Los vehículos autónomos tienen potencial para reducir la congestión en nuestras carreteras. Con la infraestructura adecuada, los vehículos autónomos pueden circular a mayor velocidad, mejorando la eficiencia de las redes de transporte y reduciendo el consumo de combustible.

Además de los beneficios medioambientales y económicos, los avances tecnológicos en el transporte también pueden tener un impacto social significativo. Por ejemplo, las nuevas tecnologías pueden mejorar la seguridad del transporte. Los vehículos autónomos, gracias a sus amplios sensores y sofisticados algoritmos, pueden detectar mejor los peligros potenciales en la carretera y reaccionar ante ellos en tiempo real. Esto puede reducir la incidencia de accidentes, salvando vidas y reduciendo lesiones. Pero quizá lo más significativo es que el potencial de los avances tecnológicos para beneficiar a los países en desarrollo reside en su capacidad para mejorar el acceso a servicios esenciales como la asistencia sanitaria. Las urgencias médicas, como los accidentes o las enfermedades repentinas, requieren una atención médica rápida, que a menudo no está disponible en las zonas remotas. Transportar a los pacientes de zonas remotas a centros urbanos de forma oportuna y rentable puede ser un reto, que a veces se salda con la pérdida de vidas humanas. Los vehículos autónomos y los drones brindan la oportunidad de transportar suministros médicos, equipos e incluso médicos rápidamente a los pacientes de zonas remotas. Esta tecnología puede salvar innumerables vidas, sobre todo en países en desarrollo con recursos limitados. Por supuesto, hay retos que superar para hacer realidad el potencial de la tecnología en los países en desarrollo. El elevado coste de las nuevas tecnologías, como los vehículos autónomos y los coches eléctricos, puede ser prohibitivo, sobre todo para los países en los que la renta per cápita es baja. Por tanto, los gobiernos tienen que encontrar soluciones innovadoras para hacer frente a estos retos, como proporcionar subvenciones o financiar los esfuerzos de investigación y desarrollo. Los viejos modelos de transporte, como los coches de gasolina, siguen dominando muchos países en desarrollo, lo que supone un reto importante para la implantación de nuevas tecnologías. Cambiar las actitudes y los comportamientos de estas sociedades es un aspecto crucial para aprovechar todo el potencial de las nuevas tecnologías. Otro reto es el desarrollo de infraestructuras para apoyar las nuevas tecnologías del transporte. Los vehículos autónomos requieren amplios sensores y equipos de comunicación, y su éxito depende de disponer de la infraestructura adecuada. Sin una infraestructura sólida de apoyo a los vehículos autónomos, no se podrán aprovechar plenamente las ventajas que ofrecen. Los gobiernos, por tanto, deben asumir un papel de liderazgo en el desarrollo de la infraestructura necesaria, ya sea mediante asociaciones con el sector privado o financiando los esfuerzos de investigación y desarrollo. También hay implicaciones éticas de la nueva tecnología que deben tenerse en cuenta. Por ejemplo, los vehículos autónomos requerirán nuevas normativas para garantizar que no causen daños a terceros en caso de accidente. Del mismo modo, el uso de drones puede plantear problemas de privacidad, sobre todo en países con fuertes restricciones de los derechos individuales. Los gobiernos deben adoptar un enfoque proactivo para abordar estas preocupaciones éticas, consultando a expertos, comunicándose con el público y ajustando la normativa según sea necesario. No cabe duda de que los avances tecnológicos en el transporte son muy prometedores para beneficiar a los países en desarrollo. Ya sea mediante la reducción de las emisiones de carbono, la mejora del acceso a servicios esenciales como la asistencia sanitaria o el aumento de la eficacia de las redes de transporte, las nuevas tecnologías ofrecen importantes oportunidades para mejorar la vida de muchas personas en los países en desarrollo. Existen importantes retos que los gobiernos y las sociedades deben afrontar si quieren hacer realidad estos beneficios. Aplicando soluciones innovadoras y abordando las preocupaciones éticas, podemos trabajar para conseguir un futuro más equitativo y sostenible mediante la tecnología del transporte. A medida que el mundo avanza en tecnología, el transporte ha experimentado cambios significativos en los últimos años. Los vehículos autónomos y la movilidad sostenible se han convertido en palabras de moda en el sector, con la promesa de transformar nuestra forma de viajar. Con el auge de los vehículos eléctricos y los coches autoconducidos, la tecnología tiene el potencial de hacer que el transporte no sólo sea más cómodo, sino también más respetuoso con el medio ambiente. No se pueden exagerar las implicaciones de este cambio en la movilidad para la sociedad y el planeta. Uno de los cambios más significativos en el transporte es el paso a los vehículos eléctricos (VE). Los VE conllevan muchas ventajas, como la reducción de las emisiones de gases de efecto invernadero, la disminución de la contaminación atmosférica y la reducción de la dependencia de los combustibles fósiles. La creciente aceptación de VE tiene el potencial de reducir el consumo de petróleo, lo que tendría un impacto significativo en la reducción de las emisiones de gases de efecto invernadero que contribuyen al cambio climático. Los vehículos eléctricos son más silenciosos que los coches convencionales con motor de combustión interna, lo que reduce la contaminación acústica y hace que las ciudades sean más habitables. Otro cambio significativo que la tecnología ha aportado a la industria del transporte es la autonomía de los vehículos. Los vehículos autónomos, comúnmente conocidos como coches que se conducen solos, son cada vez más populares. Empresas como Tesla, Google y General Motors están invirtiendo mucho en el desarrollo de coches autónomos, con la esperanza de que hagan la conducción más segura y eficiente. Los coches autónomos tienen el potencial de reducir los accidentes en carretera debidos al error humano, responsable de la mayoría de los accidentes. Al mejorar la seguridad, los vehículos autónomos también pueden reducir las tarifas de los seguros, lo que ahorraría dinero a los consumidores. Los coches autónomos tienen el potencial de liberar tiempo a los conductores durante sus desplazamientos, haciéndoles potencialmente más productivos. En términos de movilidad sostenible, los beneficios de los vehículos autónomos y los vehículos eléctricos van de la mano. La aceptación de coches autónomos significaría menos coches en la carretera, ya que la gente podría compartir los coches autoconducidos. Esto podría reducir la congestión del tráfico, lo que provocaría menos emisiones de los coches parados. Los vehículos autónomos podrían ser más eficientes, ya que podrían programarse para optimizar las rutas de conducción con el fin de reducir el consumo de combustible. Si los coches autónomos se combinan con vehículos eléctricos, esto podría reducir aún más las emisiones, ya que los coches eléctricos no producen emisiones del tubo de escape. A pesar de los cambios positivos que la tecnología está aportando al transporte, también hay posibles consecuencias negativas. El cambio hacia la conducción autónoma podría tener un impacto significativo en el empleo, ya que podrían perderse muchos puestos de trabajo que actualmente ocupan los conductores. Aunque los vehículos eléctricos producen menos emisiones que sus homólogos de gasolina, no están totalmente libres de emisiones. La producción de VE requiere cantidades significativas de energía y recursos. La eliminación de las baterías de los VE, que contienen sustancias químicas tóxicas, supone un reto importante. Los coches autónomos dependen en gran medida de la tecnología, lo que significa que, si son pirateados, podrían utilizarse de forma malintencionada. El cambio hacia los vehículos autónomos y la movilidad sostenible plantea importantes implicaciones sociales y políticas. El desarrollo de coches autónomos y vehículos eléctricos plantea importantes cuestiones sobre quién tendrá acceso a estas formas de transporte. Aunque la conducción autónoma tiene el potencial de hacer que el transporte sea más accesible para algunos, también podría llevar a una mayor marginación de quienes no pueden permitirse poseer un vehículo autónomo. El cambio hacia los vehículos eléctricos podría crear nuevas formas de desigualdad medioambiental, ya que las comunidades con bajos ingresos podrían no disponer de los recursos necesarios para adquirir vehículos eléctricos o tener acceso a la infraestructura de recarga. El futuro del transporte está siendo transformado por la tecnología, con los coches autónomos y los vehículos eléctricos liderando el camino hacia la movilidad sostenible. La aceptación de vehículos eléctricos y autónomos puede generar importantes beneficios medioambientales, como la reducción de las emisiones de gases de efecto invernadero y de la contaminación atmosférica. También existen posibles inconvenientes, como la pérdida de puestos de trabajo, los riesgos de piratería informática y las preocupaciones medioambientales. A medida que la tecnología sigue avanzando, es esencial considerar y abordar estas implicaciones para garantizar que el cambio hacia la movilidad sostenible beneficie a la sociedad y al planeta en su conjunto.

XIV. PERSPECTIVAS DE FUTURO

Al mirar hacia el futuro, está claro que la industria del transporte seguirá experimentando transformaciones significativas. El auge de los vehículos autónomos y de las soluciones de movilidad sostenible redefinirá nuestra relación con el transporte, permitiéndonos disfrutar de mayor comodidad, seguridad y sostenibilidad medioambiental que nunca. Con vehículos autónomos cada vez más comunes en nuestras carreteras, podemos esperar ver una serie de cambios significativos en nuestra forma de vivir y trabajar. Por un lado, es probable que se reduzcan significativamente los accidentes de tráfico, ya que el error del conductor es responsable de la mayoría de las colisiones. Esto, a su vez, podría conducir a una reducción del número de víctimas mortales y heridos en nuestras carreteras, salvando potencialmente innumerables vidas cada año. El auge de los vehículos autónomos podría provocar un cambio en la forma en que utilizamos el transporte, a medida que se generalicen los servicios de coche compartido y las plataformas de viajes compartidos. Esto, a su vez, podría provocar una reducción de la congestión del tráfico y una disminución significativa de la contaminación atmosférica, al haber menos coches en la carretera. La aceptación generalizada de vehículos eléctricos podría reducir significativamente nuestra huella de carbono, permitiéndonos cumplir nuestros objetivos climáticos y garantizar un futuro sostenible para las generaciones venideras. Es importante señalar que el poder transformador de estas tecnologías también podría dar lugar a cambios sociales y económicos significativos. Por un lado, la aceptación generalizada de vehículos autónomos podría provocar la pérdida de puestos de trabajo en la industria del transporte, ya que muchos camioneros, taxistas y otros trabajadores del transporte serían sustituidos por sistemas automatizados. Esto, a su vez, podría provocar un aumento de la desigualdad económica y del malestar social. El auge de las plataformas para compartir coche y trayectos podría provocar una reducción de la propiedad de automóviles, lo que podría conducir a un declive de la industria automovilística y los sectores relacionados. El despliegue de nuevas tecnologías, como los vehículos autónomos y los vehículos eléctricos, requerirá una inversión significativa en infraestructuras, que puede ser difícil de financiar frente a necesidades contrapuestas, como la vivienda asequible y la educación. A pesar de estos retos, los beneficios potenciales de los vehículos autónomos y la movilidad sostenible dejan claro que estas tecnologías son el futuro del transporte. Mientras seguimos invirtiendo en el desarrollo y despliegue de estas tecnologías, debemos esforzarnos por garantizar que sus beneficios sean compartidos por todos los miembros de la sociedad, incluidos aquellos que puedan verse afectados negativamente por la perturbación que traerán consigo. Esto requerirá la colaboración entre los responsables políticos, los líderes de la industria del transporte y los ciudadanos, mientras trabajamos juntos para construir un sistema de transporte seguro, eficiente, sostenible y equitativo. Aprovechando el poder transformador de los vehículos autónomos y la movilidad sostenible, podemos crear un futuro mejor para nosotros y para las generaciones venideras.

PREDICCIONES PARA LA ACEPTACIÓN GENERALIZADA DE VEHÍCULOS AUTÓNOMOS Y MOVILIDAD SOSTENIBLE

El auge de los vehículos autónomos (VA) ha sido un tema de interés durante muchos años, y la aceptación generalizada de esta tecnología parece inevitable. Las ventajas de los VA son numerosas: mayor seguridad, menos emisiones, mayor fluidez del tráfico y menor tiempo de viaje. Además, la demanda de soluciones de movilidad sostenible está creciendo, con más consumidores que buscan alternativas ecológicas a los medios de transporte tradicionales. Es probable que la convergencia de estas dos tendencias provoque un cambio significativo en nuestra forma de pensar sobre el transporte en el futuro. Uno de los principales impulsores de la aceptación de VA es el potencial para aumentar la seguridad en nuestras carreteras. Según la Administración Nacional de Seguridad del Tráfico en Carretera, más de 36.000 personas mueren cada año en Estados Unidos debido a accidentes de tráfico. Los sistemas audiovisuales tienen el potencial de reducir significativamente esta cifra, ya que están diseñados para ser muy sensibles y capaces de tomar decisiones en fracciones de segundo que podrían evitar accidentes. Además, los sistemas audiovisuales pueden comunicarse entre sí, lo que podría ayudar a reducir la congestión del tráfico y mejorar aún más la seguridad. Otra ventaja clave de los vehículos eléctricos es su potencial para reducir las emisiones y mejorar la calidad del aire. Los vehículos eléctricos, cada vez más populares, no emiten contaminantes del tubo de escape, lo que los convierte en una alternativa mucho más limpia que los vehículos de gasolina tradicionales. Los VE también tienen potencial para reducir las emisiones optimizando los patrones de conducción y reduciendo la necesidad de tiempo al ralentí. Esto podría conducir a una reducción significativa de las emisiones de gases de efecto invernadero, lo que sería un paso positivo para abordar el problema del cambio climático. La aceptación de los VA también tiene el potencial de mejorar la fluidez del tráfico, reduciendo el tiempo de viaje y la congestión en nuestras carreteras. Los VA pueden comunicarse entre sí, lo que les permite coordinar sus movimientos y evitar accidentes de tráfico. También pueden aprovechar tecnologías como el control de crucero adaptativo y el aviso de salida de carril, que pueden ayudar a reducir la probabilidad de accidentes y mejorar el flujo general del tráfico. Quizá la implicación más significativa de la aceptación de los VA sea la posibilidad de un cambio radical en nuestra forma de pensar sobre el transporte. Con el auge de los modelos de movilidad compartida, como los servicios de taxi y de coche compartido, la necesidad de poseer un coche individual puede disminuir significativamente. Los vehículos a motor podrían facilitar este cambio, ya que podrían utilizarse más eficazmente en los servicios de movilidad compartida, reduciendo el número de vehículos en nuestras carreteras. Esto podría reducir significativamente la congestión del tráfico, así como disminuir las emisiones y mejorar la calidad del aire. La aceptación generalizada de los VA también conlleva una serie de retos. Una de las principales preocupaciones es la cuestión de la ciberseguridad. Los vehículos a motor dependen en gran medida de sensores y sistemas informáticos para funcionar, y cualquier violación de estos sistemas podría tener graves consecuencias. Además, existe el riesgo de accidentes con vehículos virtuales, sobre todo en las primeras fases de adopción, cuando los conductores humanos y los vehículos virtuales compartan las carreteras. También podría ser difícil resolver los problemas de responsabilidad civil relacionados con los accidentes de los VA.

Otro reto al que se enfrenta la aceptación generalizada de los VA es la necesidad de importantes mejoras en las infraestructuras. Los VA necesitarán carreteras y sistemas de comunicación más avanzados para funcionar eficazmente, lo que requerirá una inversión significativa. Además, se necesitarán más estaciones de recarga para los VE, que deberán estar estratégicamente situadas para apoyar la aceptación generalizada. A pesar de estos retos, el futuro del transporte parece prometedor, y los vehículos eléctricos y las soluciones de movilidad sostenible están preparados para desempeñar un papel importante. Los beneficios de estas tecnologías son evidentes, y existe un gran impulso para desarrollarlas e implantarlas. Aunque ciertamente existen riesgos y retos asociados a la aceptación de los sistemas audiovisuales, los beneficios son profundos y el potencial de cambio significativo es sustancial. Si miramos hacia el futuro del transporte, está claro que los sistemas audiovisuales y la movilidad sostenible desempeñarán un papel fundamental en la configuración de nuestra forma de movernos por el mundo. Comprender y abordar los retos de esta transición será fundamental para garantizar que podemos maximizar los beneficios de estas tecnologías minimizando los riesgos.

EL PAPEL DE LA TECNOLOGÍA EN LA CONFIGURACIÓN DEL FUTURO DE LA MOVILIDAD

A medida que el mundo se urbaniza rápidamente, el transporte se ha convertido en un aspecto crucial de la vida cotidiana. Desde los coches particulares, los autobuses y los trenes hasta los taxis y los servicios de transporte compartido, el transporte desempeña un papel integral en la sociedad. A medida que los efectos negativos de los medios de transporte tradicionales -como la contaminación, la congestión del tráfico y los accidentes- se hacen cada vez más evidentes, la tecnología sigue perturbando y transformando la industria de la movilidad. La intersección entre tecnología y transporte siempre ha existido, pero nunca tanto como ahora, con el auge de los vehículos autónomos y eléctricos. Por ejemplo, los vehículos autónomos pueden eliminar la necesidad de conductores, lo que podría reducir los accidentes causados por errores humanos, disminuir la congestión del tráfico e incluso liberar para uso público aparcamientos y garajes anteriormente dedicados. Los vehículos eléctricos, por otra parte, son una alternativa más respetuosa con el medio ambiente que los coches de gasolina tradicionales y han sido elogiados por su capacidad para combatir el cambio climático, mejorar la calidad del aire y reducir las emisiones de gases de efecto invernadero. Esta tecnología emergente tiene el poder de revolucionar el futuro de la movilidad, haciéndola más eficiente, sostenible y segura. Las implicaciones para la sociedad y nuestro planeta son significativas, con posibles repercusiones en el medio ambiente, la economía, nuestras infraestructuras y mucho más. Si se aplica correctamente, esta tecnología podría conducir a un futuro más sostenible y equitativo.

RETOS Y OPORTUNIDADES PARA EL FUTURO

A medida que la tecnología sigue avanzando y transformando la industria del transporte, se presentan retos y oportunidades. Uno de los retos es garantizar que los vehículos autónomos sean seguros y fiables en las carreteras. Aunque se han realizado numerosas pruebas y ensayos con vehículos autónomos, aún queda mucho por hacer para garantizar que estos vehículos sean seguros para su uso masivo. También es importante considerar el impacto que los vehículos autónomos podrían tener en el empleo, sobre todo en el sector del transporte. Con la llegada de los vehículos autónomos, es probable que se produzca una reducción significativa del número de empleos relacionados con la conducción, lo que podría tener un impacto negativo en las personas y familias que dependen de estos empleos para su subsistencia. Otro reto es garantizar que los vehículos eléctricos sean más accesibles y asequibles para los consumidores. Aunque ha habido un impulso hacia los vehículos eléctricos, siguen siendo relativamente caros y no son accesibles para el consumidor medio. Para que los vehículos eléctricos se adopten de forma generalizada, tiene que haber opciones más asequibles y una mayor inversión en la infraestructura que los respalde, como estaciones de carga y tecnología de baterías. La transición a los vehículos eléctricos también plantea cuestiones sobre el impacto medioambiental de la producción y eliminación de las baterías, que deben abordarse para crear realmente un sistema de transporte sostenible. A pesar de estos retos, también existen importantes oportunidades para el futuro de la movilidad. Una oportunidad es el potencial de los vehículos autónomos para reducir la congestión del tráfico y mejorar la eficiencia general en las carreteras. Con los vehículos autónomos, se podría optimizar el flujo del tráfico y reducir los accidentes, lo que supondría un importante ahorro de tiempo y costes para particulares y empresas. A medida que más personas utilicen vehículos autónomos, podría producirse un cambio hacia la propiedad y el uso compartidos, lo que podría reducir el número de vehículos en la carretera y disminuir las emisiones globales. Otra oportunidad reside en el continuo desarrollo y mejora de los vehículos eléctricos, que tienen el potencial de reducir significativamente las emisiones de gases de efecto invernadero y mejorar la calidad del aire. Los vehículos eléctricos ya han dado pasos importantes en cuanto a autonomía y asequibilidad, y a medida que la tecnología siga avanzando, es probable que sean aún más competitivos que los vehículos de gasolina tradicionales. Con la inversión y el apoyo adecuados, los vehículos eléctricos podrían convertirse en el principal medio de transporte de particulares y empresas. Quizá una de las mayores oportunidades para el futuro de la movilidad sea el potencial de los sistemas de transporte sostenibles e integrados que incorporan múltiples modos de transporte, incluidos los vehículos autónomos, los vehículos eléctricos, el transporte público y el transporte activo (como caminar y montar en bicicleta). Al incorporar distintos modos de transporte, las personas y las empresas podrían adaptar sus necesidades de transporte a sus circunstancias particulares, lo que daría lugar a un sistema global más eficiente y sostenible. También habría oportunidades para una mayor colaboración y coordinación entre los distintos modos de transporte, lo que daría lugar a una experiencia más fluida y agradable para los usuarios. El futuro del transporte es a la vez apasionante e incierto. Aunque sin duda hay retos que deben abordarse, como la seguridad, la asequibilidad y el impacto medioambiental, también hay enormes oportunidades para que la tecnología transforme nuestra forma de movernos. A medida que la sociedad sigue lidiando con cuestiones relacionadas con la urbanización, el cambio climático y el desarrollo económico, la forma en que enfocamos el transporte seguirá evolucionando. Si aceptamos y afrontamos los retos del futuro, podremos trabajar para crear un sistema de transporte más sostenible, eficiente y equitativo para todos. El futuro del transporte está inevitablemente ligado al avance de la tecnología, que ha puesto en primer plano los vehículos autónomos y la movilidad sostenible. La tecnología ha transformado la forma en que nos desplazamos de un lugar a otro, y estos avances tienen numerosas implicaciones para nuestra sociedad y nuestro planeta. La aparición de los vehículos autónomos tiene el potencial de revolucionar el sistema de transporte tal como lo conocemos. Se espera que los coches autónomos reduzcan el número de accidentes en la carretera, disminuyan la congestión del tráfico y reduzcan la demanda de plazas de aparcamiento. La aceptación generalizada de vehículos autónomos conducirá a una reducción del número de coches en la carretera, ya que podrán utilizarse de forma más eficiente. Con menos coches en la carretera, los niveles de contaminación disminuirán, y el medio ambiente se verá menos afectado.

Los vehículos eléctricos (VE) también están transformando la movilidad al reducir la huella de carbono del transporte. La aceptación de los VE conllevará una reducción del uso de combustibles fósiles y, en consecuencia, una disminución de las emisiones de gases de efecto invernadero. Dado que las fuentes de energía renovables son cada vez más accesibles, el uso de los VE podría alimentarse totalmente con energías limpias, lo que supondría una disminución significativa de la contaminación medioambiental. La aceptación de vehículos eléctricos conllevará la creación de nuevos puestos de trabajo en la fabricación y el mantenimiento de estos vehículos, impulsando así la economía. La transición a la movilidad sostenible no está exenta de desafíos. La infraestructura necesaria para los vehículos autónomos y los VE es relativamente nueva, y llevará tiempo y recursos establecerla plenamente. Por ejemplo, la aceptación generalizada de vehículos autónomos exigirá la construcción de nuevas carreteras y autopistas compatibles con estos vehículos. Del mismo modo, la aceptación de vehículos eléctricos requerirá una amplia infraestructura de red de recarga en todo el país, que aún no se ha establecido plenamente. También hay cuestiones socioeconómicas que deben abordarse antes de la plena aceptación de los vehículos autónomos y los VE. Los vehículos autónomos podrían provocar la pérdida de puestos de trabajo en el sector del transporte, especialmente para los conductores de taxis, autobuses y camiones. La aceptación generalizada de estos vehículos también podría dar lugar a la creación de nuevos puestos de trabajo en las industrias tecnológica y manufacturera. Del mismo modo, la transición a la movilidad sostenible podría provocar un aumento del precio de la gasolina, lo que repercutiría negativamente en las personas con bajos ingresos que dependen en gran medida del automóvil. La integración de la tecnología en el transporte plantea problemas de seguridad y privacidad. Los vehículos autónomos están equipados con sensores y cámaras que recogen grandes cantidades de datos y los almacenan en un sistema centralizado. El uso de estos datos plantea cuestiones sobre la privacidad y la seguridad, y es esencial establecer normas para la recogida y el uso de estos datos. Del mismo modo, el uso de vehículos eléctricos se basa en el uso de tecnología de baterías, que plantea problemas medioambientales y éticos en relación con la extracción de los minerales necesarios para las baterías. La tecnología está transformando la movilidad de los coches autónomos a los vehículos eléctricos, y esto tiene implicaciones significativas para nuestra sociedad y el planeta. La aceptación de vehículos autónomos y VE tiene el potencial de revolucionar el sistema de transporte tal y como lo conocemos, y esto conllevará menos atascos, menos contaminación y un impulso de la economía. Hay numerosos retos que deben abordarse antes de que estas tecnologías puedan integrarse plenamente en la sociedad, como el establecimiento de la infraestructura necesaria, cuestiones socioeconómicas, problemas de privacidad y seguridad, y consideraciones éticas. No obstante, el futuro del transporte parece brillante a medida que la tecnología sigue avanzando y transformando nuestro mundo.

XV. CONCLUSIÓN

El futuro del transporte está siendo moldeado por los rápidos avances tecnológicos que están transformando la movilidad a un ritmo sin precedentes. Los coches autónomos, los vehículos eléctricos y otras tecnologías están haciendo que el transporte sea más seguro, eficiente y sostenible. La aceptación generalizada de estas tecnologías también tiene implicaciones de gran alcance para nuestra sociedad y nuestro planeta. Por un lado, ofrecen la posibilidad de reducir drásticamente la contaminación atmosférica, la congestión y los accidentes de tráfico. Por otro lado, plantean importantes cuestiones éticas y económicas sobre el papel de la tecnología en nuestras vidas. A medida que avanzamos, es importante considerar cuidadosamente los beneficios e inconvenientes de las nuevas tecnologías del transporte y garantizar que se desarrollan y aplican de forma equitativa, sostenible y beneficiosa para todos los miembros de la sociedad. El futuro del transporte dependerá de nuestra capacidad para aprovechar el poder de la tecnología, manteniendo al mismo tiempo nuestro compromiso de crear una sociedad justa y equitativa que valore la sostenibilidad medioambiental y el bienestar humano por encima de todo.

RESUMEN DE LOS PUNTOS PRINCIPALES

El futuro del transporte está siendo revolucionado por una ola de avances tecnológicos. Los vehículos autónomos y la movilidad sostenible están a la vanguardia de esta revolución, preparados para transformar nuestra sociedad tal y como la conocemos. En cuanto a los vehículos autónomos, hay varios beneficios clave que se espera que surjan una vez que esta tecnología esté plenamente implantada. En primer lugar, esta tecnología tiene el potencial de reducir en gran medida el número de accidentes causados por errores humanos, una de las principales causas de muerte y lesiones en nuestras carreteras. En segundo lugar, los vehículos autónomos tienen el potencial de reducir enormemente la congestión del tráfico, ya que estos vehículos podrán circular con seguridad y eficacia incluso por las carreteras más congestionadas. En tercer lugar, los vehículos autónomos tienen el potencial de aumentar enormemente la eficacia y fiabilidad del transporte de mercancías en todo el país, ya que estos vehículos pueden programarse para funcionar las 24 horas del día sin necesidad de intervención humana. Por otro lado, la movilidad sostenible es el resultado de una creciente preocupación por el futuro de nuestro planeta, y pretende crear formas de transporte más limpias y eficientes. El auge de los vehículos eléctricos proporciona a la movilidad sostenible un impulso muy necesario; estos vehículos ofrecen varias ventajas clave sobre los vehículos tradicionales que funcionan con gasolina. En primer lugar, son más limpios, producen cero emisiones y provocan menos contaminación en nuestras ciudades. En segundo lugar, los

207

vehículos eléctricos son muy eficientes y necesitan menos energía para funcionar que los de gas. Y por último, el mantenimiento de los vehículos eléctricos es mucho más barato que el de los vehículos tradicionales, ya que requieren menos piezas y un mantenimiento menos frecuente. Tanto los vehículos autónomos como los eléctricos están transformando la movilidad de forma poderosa y positiva, abriendo un futuro más limpio, seguro y eficiente que nunca.

LA IMPORTANCIA DE LOS VEHÍCULOS AUTÓNOMOS Y LA MOVILIDAD SOSTENIBLE

La aparición de los vehículos autónomos y la movilidad sostenible suponen un cambio de paradigma en la forma en que nos desplazamos de un lugar a otro. Los vehículos autónomos están a punto de revolucionar la industria del transporte y cambiar fundamentalmente nuestra forma de vivir, trabajar y jugar. Estos vehículos están equipados con tecnologías avanzadas de detección e inteligencia artificial que les permiten funcionar sin intervención humana. Desde los coches autoconducidos hasta los autobuses y camiones autónomos, estos vehículos tienen el potencial de reducir significativamente la incidencia de accidentes, aliviar la congestión del tráfico y mejorar la eficiencia del combustible. Los vehículos autónomos pueden utilizarse en una amplia gama de aplicaciones, como el transporte de ancianos y discapacitados, los servicios de transporte compartido y la entrega de bienes y servicios. Además de sus ventajas tecnológicas, los vehículos autónomos también tienen potencial para promover la movilidad sostenible. Uno de los mayores retos a los que se enfrenta la industria del transporte es la necesidad de reducir las emisiones de gases de efecto invernadero y el impacto negativo del transporte en el medio ambiente. Los vehículos autónomos pueden ayudar a conseguir este objetivo reduciendo el número de coches en la carretera, optimizando el flujo de tráfico y fomentando la aceptación de vehículos eléctricos e híbridos. Los vehículos eléctricos e híbridos son cada vez más populares porque son más respetuosos con el medio ambiente y constituyen una alternativa viable a los vehículos de gasolina. Los vehículos eléctricos funcionan con fuentes de energía renovables, como la solar y la eólica, lo que reduce aún más su impacto en el medio ambiente. Otra implicación importante de los vehículos autónomos y la movilidad sostenible es su impacto potencial en la sociedad. A medida que se generalicen los vehículos autónomos, cambiarán nuestra forma de vivir, trabajar y jugar. Por ejemplo, el uso de vehículos autónomos puede facilitar a la gente el acceso a trabajos, comodidades y servicios que actualmente están fuera de su alcance debido a la distancia o a la falta de transporte. Además, los vehículos autónomos pueden ayudar a reducir el número de accidentes causados por errores humanos, lo que puede suponer un importante ahorro en costes sanitarios y reducir los impactos negativos sobre las familias y las comunidades. La movilidad sostenible, por otra parte, promueve el uso de modos de transporte alternativos, como la bicicleta y los desplazamientos a pie, que no sólo son saludables, sino que también contribuyen al sentido de comunidad y a la cohesión social. A pesar de los beneficios potenciales de los vehículos autónomos y la movilidad sostenible, también hay retos que deben abordarse. Uno de los mayores retos es la necesidad de desarrollar la infraestructura necesaria para apoyar estas nuevas tecnologías. Esto incluye el desarrollo de estaciones de carga para vehículos eléctricos, la construcción de carriles exclusivos para vehículos autónomos y el desarrollo de sistemas de comunicación que permitan a los vehículos autónomos comunicarse entre sí y con la infraestructura de tráfico. Hay cuestiones sociales que deben abordarse, como el impacto en el empleo y la privacidad. Por ejemplo, la aceptación de vehículos autónomos puede provocar la pérdida de puestos de trabajo en la industria del transporte, y preocupa cómo se utilizarán los datos personales recogidos por estos vehículos. La aparición de los vehículos autónomos y de la movilidad sostenible representa un cambio importante en nuestra forma de pensar sobre el transporte. Estas tecnologías tienen el potencial de reducir los impactos negativos del transporte sobre el medio ambiente y promover la movilidad sostenible, al tiempo que mejoran la seguridad y la accesibilidad. También existen retos importantes que hay que abordar. Es importante que sigamos desarrollando la infraestructura y las políticas necesarias para garantizar que los beneficios de estas tecnologías se compartan equitativamente y que se apliquen de forma que favorezcan el bienestar de todos los miembros de la sociedad. La aceptación generalizada de los vehículos autónomos y la movilidad sostenible dependerá de nuestra capacidad para desarrollar un enfoque global e integrado que equilibre los beneficios y los retos de estas tecnologías emergentes.

LLAMADA A LA ACCIÓN PARA SEGUIR INNOVANDO Y COLABORANDO

El futuro del transporte está al borde de un cambio radical con la aparición de los vehículos autónomos y las opciones de movilidad sostenible. La transformación no se completará sin una innovación y colaboración continuas. Los innovadores deben seguir creando nuevas tecnologías y mejorando las existentes para que la sociedad aproveche todo el potencial de las nuevas opciones de movilidad, y los responsables políticos deben colaborar con las empresas para hacer posible su implantación con éxito. La colaboración también ayudará a garantizar que los beneficios de estas tecnologías estén al alcance de todos, independientemente de los ingresos o la geografía. Los vehículos autónomos tienen el potencial de reducir la congestión, aumentar la seguridad y mejorar la eficiencia, al tiempo que reducen los costes. Los vehículos eléctricos, por su parte, tienen el potencial de reducir las emisiones nocivas, impulsar la seguridad energética y reducir la dependencia de los combustibles. La aceptación de estas tecnologías en nuestra sociedad depende de diversos factores, como la infraestructura, las políticas y la aceptación social. La llamada a la acción para la innovación y la colaboración continuas es esencial para garantizar que la sociedad aproveche todo el potencial de estas tecnologías transformadoras. El papel de la innovación en el sector del transporte se ha vuelto más crítico que nunca en los últimos años con la

213

aparición de la Cuarta Revolución Industrial. El ritmo de la transformación ha sido asombroso, y los avances tecnológicos han permitido reimaginar la movilidad por completo. El desarrollo y despliegue de vehículos autónomos, en particular, ha cobrado impulso, prometiendo revolucionar el transporte transformando la forma en que nos movemos, trabajamos y vivimos. Las mejoras potenciales de la tecnología en seguridad, comodidad y accesibilidad, al tiempo que reducen la congestión del tráfico y el impacto medioambiental, ofrecen posibilidades apasionantes para el futuro del transporte. La innovación no debe detenerse aquí. Es necesario seguir mejorando y desarrollando estos vehículos para hacerlos más seguros, inteligentes y fiables. Las nuevas tecnologías como la comunicación V2V, los sensores avanzados y la potencia informática aportarán más innovación, haciendo que los vehículos autónomos sean aún más alcanzables, accesibles y aceptados en nuestra sociedad. Así pues, el impulso a la innovación debe continuar. Los responsables políticos deben colaborar con los innovadores tecnológicos para hacer realidad su visión. La implantación de vehículos autónomos requiere una importante colaboración entre el gobierno, el sector privado y el mundo académico. Los vehículos gubernamentales se encargan de las inversiones en infraestructuras, las normativas o el establecimiento de políticas que promuevan el desarrollo tecnológico, mientras que las empresas aportan la experiencia, la inversión y los canales de comercialización necesarios para llevar las tecnologías al mercado. La colaboración también garantizará que los beneficios de estas tecnologías sean accesibles para todos, independientemente de los ingresos o la geografía. Si esto se combina con mejores normativas que garanticen la seguridad pública y la ciberseguridad, los vehículos autónomos y la movilidad sostenible serán aceptados y ampliamente adoptados en todo el mundo.

Aparte de los vehículos autónomos, el desarrollo de opciones de Movilidad Sostenible es una innovación esencial en el sector del transporte. Es vital para reducir el impacto medioambiental del transporte, al tiempo que se depende de fuentes de energía limpias. Los vehículos eléctricos, en particular, han ganado tracción y aceptación en todo el mundo, y varios gobiernos ofrecen incentivos para la compra de VE. La movilidad sostenible requiere la cooperación de los responsables políticos para crear normativas e incentivos que fomenten la aceptación y el uso de estas tecnologías. Requiere innovaciones como baterías y supercondensadores que ofrezcan una mejor autonomía y tiempos de carga. Con innovaciones continuas, como la carga ultrarrápida, las baterías de estado sólido y la electrónica flexible e impresa, la autonomía, el peso y el coste de los VE seguirán mejorando, haciéndolos más atractivos para los consumidores. La colaboración entre empresas, responsables políticos y académicos será vital para desarrollar y probar nuevas tecnologías, crear un ecosistema de apoyo e innovar continuamente.

El futuro del transporte ofrece al mundo una posibilidad apasionante de reimaginar la movilidad, reducir el impacto medioambiental y mejorar nuestras vidas. La sinergia de los vehículos autónomos y la movilidad sostenible representa una transformación crítica que requiere innovación y cooperación continuas. Los vehículos autónomos están preparados para revolucionar las infraestructuras de transporte, redefinir los espacios de las calles y mejorar la movilidad, mientras que las opciones de movilidad sostenible ayudarán a reducir las emisiones nocivas relacionadas con el transporte y a aumentar la dependencia de fuentes de energía limpias. Sin embargo, el cambio hacia estas tecnologías impulsará conversaciones políticas sobre regulación, seguridad pública, despliegue de infraestructuras, modelos de financiación y diseño del espacio público. De ahí que el llamamiento a la acción sea para que los responsables políticos, las empresas y los académicos de todo el mundo sigan invirtiendo en soluciones de vanguardia que ayuden a ampliar el despliegue y el uso de estas tecnologías transformadoras. Con un esfuerzo de colaboración, ideas innovadoras y el apoyo político de la industria y los gobiernos, el futuro de la movilidad será vivir en un mundo más limpio, seguro y equitativo.

BIBLIOGRAFÍA

Martin L. Shields. 'Un análisis longitudinal de los factores que influyen en el aumento de las tasas de aceptación de tecnología en Suazilandia, 1985-91'. Universidad Estatal de Pensilvania, 1/1/1991

William Piper. 'Impactos de la política y los programas gubernamentales en el desarrollo, la transferencia y la comercialización de tecnología'. Perspectivas Internacionales, Kimball Marshall, Routledge, 2/1/2013

Emilie Stoltzfus. 'Bienestar Infantil'. Estructura y financiación del Programa de Incentivos a la Adopción junto con cuestiones de reautorización, CreateSpace Independent Publishing Platform, 7/9/2013

Gregory D. Stevens. 'Poblaciones vulnerables en Estados Unidos'. Leiyu Shi, John Wiley & Sons, 3/11/2008

Universidad de Montreal. Departamento de Ciencias Económicas. Responsabilidad por accidentes : 'Resultados Relevantes Seleccionados del Modelo DRAG'. Marc J. I. Gaudry, Dp . de Science onomique, Universit de Montrîl, 1/1/1987

Juan Pimentel. 'Seguridad de la Funcionalidad Prevista'. SAE Internacional, 3/7/2019

Angela Georgia Catic. 'Consideraciones éticas y retos en geriatría'. Springer, 31/1/2017

Larry M. Bartels. 'Democracia para realistas'. Por qué las elecciones no producen un gobierno responsable, Christopher H. Achen, Princeton University Press, 29/8/2017

Albert N. Link. 'Inversiones en tecnología'. Estrategias empresariales y alternativas de política pública, Barry Bozeman, Praeger, 1/1/1983

William Riggs. 'Transporte disruptivo'. Coches sin conductor, innovación en el transporte y la ciudad sostenible del mañana, Routledge, 12/7/2018

217

Henk Bos. 'El papel de la industria y las políticas industriales en la Tercera Década del Desarrollo'. Centro de Planificación del Desarrollo, 1/1/1980

Karen Mundy. 'Asociaciones público-privadas en la educación'. New Actors and Modes of Governance in a Globalizing World, Susan Robertson, Edward Elgar Publishing, 1/1/2012

Nurith Berstein. 'Financiación gubernamental estadounidense de la investigación y el desarrollo cooperativos en Norteamérica'. Caroline S. Wagner, Rand, 1/1/1999

American University (Washington, D.C.). Facultad de Asuntos Públicos e Internacionales. 'El papel del gobierno en Estados Unidos'. Práctica y Teoría, University Press of America, 1/1/1985

Andy Safalaoh. 'Impactos climáticos en la sostenibilidad de la agricultura y los recursos naturales en África'. Bal Ram Singh, Springer Nature, 17/3/2020

Otto L. Lange. 'Declive forestal y contaminación atmosférica'. Un estudio sobre la pícea (Picea abies) en suelos ácidos, Ernst-Detlef Schulze, Springer Science & Business Media, 6/12/2012

Gary Brase. 'Reducir las emisiones de gases de efecto invernadero y mejorar la calidad del aire'. Dos retos globales interrelacionados, Larry E. Erickson, CRC Press, 18/11/2019

Instituto de Medicina. 'La salud de EE.UU. en perspectiva internacional'. Vidas más cortas, peor salud, Consejo Nacional de Investigación, National Academies Press, 4/12/2013

Henrike Rau. 'Movilidad y comportamiento de desplazamiento a lo largo de la vida'. Enfoques cualitativos y cuantitativos, Joachim Scheiner, Edward Elgar Publishing, 25/12/2020

Kimberly Etingoff. 'Ciudades sostenibles'. Urban Planning Challenges and Policy, CRC Press, 16/3/2017

Klaus Schwab. 'La Cuarta Revolución Industrial'. Crown, 1/3/2017

Ken Liska. 'Las Drogas y el Cuerpo Humano'. Con implicaciones para la sociedad, Prentice Hall, 1/1/1997

Armin Stein. 'Grandes retos sociales en la investigación y educación sobre sistemas de información'. Ideas de la Serie de Seminarios Virtuales ERCIS, Jan vom Brocke, Springer, 4/4/2015

Mukungu. 'Integración regional y retos políticos en África'. Elhiraika, Springer, 1/26/2016

Jacob G. Oakley. 'La guerra cibernética'. Desafíos técnicos y limitaciones operativas', Apress, 8/14/2019

Denise Sajdl. 'Cuestiones Verdes - Cuáles son los Beneficios de la Gestión Medioambiental'. GRIN Verlag, 21/10/2005

Fan Zhang. 'Crecer en verde'. Los beneficios económicos de la acción por el clima, Uwe Deichmann, Publicaciones del Banco Mundial, 4/12/2013

Domokos Esztergár-Kiss. 'Vehículos autónomos y movilidad futura'. Pierluigi Coppola, Elsevier, 14/06/2019

Yingkai Fang. 'Estaciones de carga gratuitas para vehículos eléctricos enchufables'. Ventajas y desventajas, Universidad de California, Davis, 1/1/2016

John Lowry. 'Explicación de la tecnología de los vehículos eléctricos'. James Larminie, John Wiley & Sons, 17/9/2012

Melinda Pizarro. 'Planificación y planificación de innovaciones tecnológicas'. Casos y herramientas, Tugrul U. Daim, Springer Science & Business Media, 1/4/2014

Evanthia Nanaki. 'Vehículos eléctricos para ciudades inteligentes'. Tendencias, retos y oportunidades, Elsevier, 10/7/2020

Ralph P. Hall. 'Transporte sostenible'. Indicadores, marcos y gestión del rendimiento, Henrik Gudmundsson, Springer, 7/3/2015

Lisa Höltich. 'Redacción académica y empresarial. Soluciones de transporte y movilidad sostenibles'. GRIN Verlag, 8/6/2014

Walter Leal Filho. 'Enciclopedia de la Sostenibilidad en la Educación Superior'. Springer International Publishing, 30/09/2019

Philip Vergragt. 'El Negocio de la Movilidad Sostenible'. De la visión a la realidad, Paul Nieuwenhuis, Routledge, 8/9/2017

Kalra Nidhi. 'Tecnología de vehículos autónomos'. Guía para responsables políticos, James M. Anderson, Rand Corporation, 1/10/2014

Ian Chow-Miller. 'Cómo funcionan los coches autónomos'. Cavendish Square Publishing, LLC, 15/7/2018

J. Christian Gerdes. 'Conducción autónoma'. Aspectos técnicos, jurídicos y sociales, Markus Maurer, Springer, 21/5/2016

Aggelos Tsakanikas. 'Vehículos autónomos'. Tecnologías, Normativa e Impactos Sociales, George Dimitrakopoulos, Elsevier, 15/4/2021

Susie Lan Cassel. 'Técnicas para escribir en la universidad: El enunciado de la tesis y más allá'. Kathleen Moore, Cengage Learning, 1/1/2010

Moreira, Fernando. 'Manual de investigación sobre movilidad e informática: Tecnologías en evolución e impactos ubicuos'. Tecnologías en evolución e impactos ubicuos, Cruz-Cunha, Maria Manuela, IGI Global, 30/4/2011

John Niles. 'El fin de la conducción'. Sistemas de transporte y planificación de políticas públicas para vehículos autónomos, Bern Grush, Elsevier, 25/06/2018